蛍光イメージング/MRIプローブの開発

Probes Development for Fluorescent and
Magnetic Resonance Imaging

《普及版／Popular Edition》

監修 菊地和也

シーエムシー出版

蛍光/MRIプローブの開発

Probes Development for Fluorescent and
Magnetic Resonance Imaging

花岡健二郎 Popular Expert

これからのイメージング技術を支える化学プローブ展開

　2008年のノーベル賞受賞対象が蛍光蛋白質の発見と応用であったことは記憶に新しい，と考える人は科学に関係するしないを問わず，多いと私は考える．この理由には，現在の生命科学研究においてイメージング技術が汎用されていることも挙げられるが，これ以外に受賞者の下村脩先生が蛍光蛋白質を試験管内で光らせている印象的な映像の効果が大きいであろう．この様に，見えるという効果は科学的にも心理的にも非常に大きい．

　イメージングプローブのうち最も汎用されているものは蛍光蛋白質である．この理由は，遺伝子工学を手法として用いるため，生物学の研究者にとって使いやすいことであろう．このため，近年の生物学の論文誌には蛍光蛋白質を使ったイメージングを用いた論文はほぼ毎号に登場するようになった．この効果により，20年前には光学の技術を有する研究者にのみ作製・応用可能であった共焦点顕微鏡も市販機になり，今では生物学の多くの研究室に設備されるようになっている．この様にイメージングを一般的技術にした要因には，蛍光蛋白質応用・顕微鏡の簡便化・画像取得ソフトウェアの改良などが挙げられる．

　本書において紹介されるプローブのほとんどは，化学をベースとした技術開発である．前述の通り，最も汎用されている蛍光プローブは蛍光蛋白質である．しかし，測定対象によって蛍光特性を変化させる（言い換えれば，調べたい分子を特異的に可視化する），強い蛍光強度を得る，近赤外光など長波長の励起・蛍光波長を有する，病態の診断に簡単なプロトコルで応用できる，などの測定ニーズを充たすイメージングは，蛋白質プローブのみの応用では不可能な場合がほとんどである．これらの要件を充たすために，化学プローブに（1980年代以来）再び大きな期待が集まっている．また，蛍光プローブのみならずMRIを用いた *in vivo* イメージングが発展する可能性にも化学プローブに期待が集まっている．実は現在でも最も汎用されている蛍光プローブは，合成Ca^{2+}プローブであるFura-2である．この理由は，Ca^{2+}の生物学における重要さと，強い蛍光応答を示すためシグナルを追いやすく，誰でも簡便に利用できる技術であるためである．また，細胞内で切断される保護基の導入により，細胞内へのデリバリーが容易であることも重要であった．分子デリバリーは今後のプローブの応用性をたかめるために，非常に大きい課題である．本書では，デリバリーについての総説も含まれている．

　本書の出版時の最先端技術を紹介することで，これまでの技術進歩と今後の展開指針を考えるために役に立つことが出来ないかと考えて，先端技術を開発してきた執筆者に原稿依頼を行った．執筆者皆様に感謝するとともに，今後の展開に期待したい．

2011年9月

菊地和也

普及版の刊行にあたって

本書は2011年に『蛍光イメージング/MRIプローブの開発』として刊行されました。普及版の刊行にあたり，内容は当時のままであり加筆・訂正などの手は加えておりませんので，ご了承ください。

2018年2月

シーエムシー出版　編集部

執筆者一覧（執筆順）

寺井 琢也	東京大学	大学院薬学系研究科　助教
長野 哲雄	東京大学	大学院薬学系研究科　教授
岡本 晃充	㈱理化学研究所　基幹研究所　岡本核酸化学研究室　准主任研究員	
小澤 岳昌	東京大学	大学院理学系研究科　化学専攻　教授
深瀬 浩一	大阪大学	大学院理学研究科　化学専攻　教授
田中 克典	大阪大学	大学院理学研究科　化学専攻　助教
永井 健治	北海道大学　電子科学研究所　教授；㈱科学技術振興機構　さきがけ	
堀川 一樹	国立遺伝学研究所　准教授	
馬場 嘉信	名古屋大学　工学研究科　教授，革新ナノバイオデバイス研究センター　センター長	
花岡 健二郎	東京大学	大学院薬学系研究科　講師
浦野 泰照	東京大学	大学院医学系研究科　教授
水上 進	大阪大学	大学院工学研究科　生命先端工学専攻　准教授
菊地 和也	大阪大学	大学院工学研究科　生命先端工学専攻　教授
水澤 圭吾	京都大学大学院　工学研究科　合成・生物化学専攻	
浜地 格	京都大学大学院　工学研究科　合成・生物化学専攻　教授	
杤尾 豪人	京都大学大学院　工学研究科　准教授	
白川 昌宏	京都大学大学院　工学研究科　教授	
伊藤 隆	首都大学東京　大学院理工学研究科　分子物質化学専攻　教授	

野中　　洋	九州大学　稲盛フロンティア研究センター　特任助教
山東　信介	九州大学　稲盛フロンティア研究センター　教授
犬伏　俊郎	滋賀医科大学　MR医学総合研究センター　教授
平田　　直	京都大学　物質-細胞統合システム拠点・上杉グループ　博士研究員
上杉　志成	京都大学　物質-細胞統合システム拠点　教授
戸井田　さやか	モントリオール大学　薬学部　化学科　博士研究員
秋吉　一成	京都大学大学院　工学研究科　教授
秋田　英万	北海道大学　大学院薬学研究院　准教授
山田　勇磨	北海道大学　大学院薬学研究院　助教
中村　孝司	北海道大学　大学院薬学研究院　助教
畠山　浩人	北海道大学　大学院薬学研究院　未来創剤学研究室　特任助教
林　　泰弘	北海道大学　大学院薬学研究院　未来創剤学研究室　特任助教
梶本　和昭	北海道大学　大学院薬学研究院　未来創剤学研究室　特任准教授
原島　秀吉	北海道大学　大学院薬学研究院　教授
二木　史朗	京都大学化学研究所　生体機能設計化学　教授
中瀬　生彦	京都大学化学研究所　生体機能設計化学　助教
長谷川　晃	オリンパス㈱　研究開発センター　医療技術開発本部　医療戦略企画部　部長
樋爪　健太郎	㈱島津製作所　基盤技術研究所　副主任

執筆者の所属表記は，2011年当時のものを使用しております。

目　次

【第1編　プローブの開発】

第1章　有機蛍光プローブ　寺井琢也，長野哲雄

1　はじめに …………………………… 1
2　蛍光とは …………………………… 1
3　有機蛍光分子 ……………………… 3
　3.1　キサンテン系蛍光団 …………… 3
　3.2　シアニン類 ……………………… 4
　3.3　クマリン類 ……………………… 4
　3.4　ピレン類 ………………………… 4
4　有機蛍光プローブの設計と具体例 ……… 4
　4.1　光誘起電子移動（PeT）………… 4
　4.2　Förster型共鳴エネルギー移動
　　　（FRET）………………………… 6
　4.3　分子内電荷移動（ICT）………… 7
　4.4　分子内スピロ環化 ……………… 8
5　おわりに …………………………… 8

第2章　核酸を蛍光標識する：核酸結合性蛍光色素・蛍光標識核酸プローブの基礎　岡本晃充

1　はじめに …………………………… 10
2　核酸に蛍光性物質を非共有結合的に標識する ……………………………… 11
3　蛍光物質を共有結合的に結合させた核酸を使う …………………………… 13
4　核酸自動合成機を用いて蛍光性核酸を化学合成する ……………………… 13
5　標的の核酸と結合したときにだけ蛍光発光する人工核酸を創る ………… 15
　5.1　蛍光（Förster）共鳴エネルギー移動
　　　（FRET）………………………… 15
　5.2　励起子相互作用 ………………… 17
6　おわりに …………………………… 20

第3章　プローブタンパク質　小澤岳昌

1　はじめに …………………………… 22
2　タンパク質プローブを用いる利点と注意点 ………………………………… 22
3　プローブの基本原理と応用 ……… 25
　3.1　蛍光共鳴エネルギー移動
　　　（FRET）法 …………………… 25
　3.2　生物発光共鳴エネルギー移動
　　　（BRET）法 …………………… 26
　3.3　蛍光タンパク質再構成法 ……… 27
　　3.3.1　タンパク質間相互作用と翻訳後修飾 ……………………………… 28
　　3.3.2　RNAの可視化 ……………… 28
　　3.3.3　タンパク質の折りたたみ
　　　　　（フォールディング）………… 28

I

3.4 ルシフェラーゼ再構成法 ………… 30
3.5 環状ルシフェラーゼプローブ …… 31
3.6 タンパク質の翻訳後修飾・分解を利
用するプローブ …………………… 32
4 まとめ ………………………………… 33

第4章　新規標識反応を基盤とする糖鎖プローブの開発とインビボイメージング　　深瀬浩一，田中克典

1 はじめに ……………………………… 35
2 リジン残基標識プローブの開発に基づ
　く糖タンパク質のPETイメージング … 36
3 糖鎖デンドリマープローブの作成とイ
メージング …………………………… 38
4 細胞表層の標識と糖鎖エンジニアリング
ならびに細胞動態の可視化 ………… 40
5 おわりに ……………………………… 42

【第2編　標識体の開発】

第5章　機能イメージングにおける指示薬感度の重要性—蛍光タンパク質間FRETを用いたCa^{2+}指示薬開発からの考察—　　永井健治，堀川一樹

1 はじめに ……………………………… 44
2 蛍光Ca^{2+}指示薬 …………………… 45
3 *In vivo* Ca^{2+}イメージングの現実とCa^{2+}
親和性の最適化 ……………………… 46
4 *In vivo*性能評価 …………………… 47
5 おわりに ……………………………… 49

第6章　量子ドットおよび無機蛍光体　　馬場嘉信

1 はじめに ……………………………… 51
2 量子ドットの原理 …………………… 52
3 量子ドットの合成法およびラベル化 … 53
4 バイオアッセイへの応用 …………… 54
5 細胞アッセイ・*in vivo*イメージングへ
の応用 ………………………………… 55
6 おわりに ……………………………… 57

第7章　MRI造影剤　　花岡健二郎，長野哲雄

1 はじめに ……………………………… 59
2 MRIの原理 …………………………… 60
3 MRI造影剤の原理 …………………… 63
4 MRI用標識プローブの開発とその応用
……………………………………… 66
5 おわりに ……………………………… 68

【第3編　化学プローブの開発・応用】

第8章　有機小分子蛍光プローブの精密設計による新たな生細胞機能可視化の実現
浦野泰照

1　はじめに ……………………………… 70
2　分子内光誘起電子移動に基づく蛍光プローブの論理的精密設計法の確立 ……… 71
3　各種活性酸素種（ROS），及び関連酵素活性の選択的検出を可能とする蛍光プローブの論理的開発 …………………… 73
4　TokyoGreen骨格の創製に基づく，各種加水分解酵素・反応可視化蛍光プローブの開発 ……………………………… 75
5　おわりに ……………………………… 77

第9章　機能性分子設計に基づく蛋白質の蛍光ラベル化
水上　進，菊地和也

1　序論 ………………………………… 79
2　タグの選択 ………………………… 80
3　マルチカラー蛍光ラベル化プローブの開発 ………………………………… 81
4　発蛍光ラベル化プローブの開発 ……… 83
5　生きた細胞内の蛋白質の蛍光ラベル化 … 84
6　ビオチン化プローブと蛍光量子ドットを用いたパルスチェイス実験 ……………… 86
7　まとめ ……………………………… 87

第10章　蛋白質イメージングを指向した小分子プローブの開発
水澤圭吾，浜地　格

1　はじめに …………………………… 89
2　ハイパーリン酸化蛋白質検出用プローブ ……………………………………… 90
　2.1　ハイパーリン酸化蛋白質選択的なプローブ ……………………………… 90
　2.2　リン酸化タウ蛋白質イメージング ……………………………………… 91
3　自己会合／解離を作動原理とした蛋白質検出用蛍光オフオンプローブ ………… 92
4　おわりに …………………………… 95

第11章 酵素活性を検出する ^{19}F MRI プローブの開発

水上 進, 菊地和也

1 序論 ……………………………… 97
2 加水分解酵素活性の ^{19}F MRI 検出の原理 ……………………………… 98
3 Caspase-3 活性を検出する ^{19}F MRI プローブの開発 ……………………………… 99
4 ^{19}F MRI による細胞内遺伝子発現の可視化 ……………………………… 100
5 まとめ ……………………………… 102

第12章 核磁気共鳴を利用した生体計測

杤尾豪人, 白川昌宏

1 はじめに ……………………………… 104
2 ポリリン酸 MRI レポーター ……………………………… 104
3 ^{19}F MRI のための機能性分子プローブ ……………………………… 107
   3.1 常磁性緩和促進効果を用いた ON/OFF プローブ ……………………………… 107
   3.2 高分子量効果を用いたスイッチングプローブ ……………………………… 107
4 三重共鳴プローブ ……………………………… 108
5 細胞内へ ……………………………… 109
   5.1 蛋白質―薬剤相互作用 ……………………………… 111
   5.2 細胞内での水素交換実験 ……………………………… 112

第13章 In-cell NMR を用いた細胞内蛋白質の立体構造解析

伊藤 隆

1 はじめに ……………………………… 114
2 In-cell NMR ……………………………… 115
3 NMR を用いた蛋白質の立体構造解析の概略 ……………………………… 116
4 In-cell NMR 研究の困難さ ……………………………… 117
5 Nonlinear sampling を用いた迅速な 3D NMR 測定と in-cell NMR への応用 … 119
6 メチル基選択的 ^{1}H 標識を用いた効率の良い高次構造情報の解析 ……………………………… 121
7 今後の展望 ……………………………… 123
8 おわりに ……………………………… 125

第14章 高選択的・高感度な核磁気共鳴プローブ分子

野中 洋, 山東信介

1 はじめに ……………………………… 127
2 多重共鳴 ……………………………… 128
   2.1 多重共鳴 NMR を利用した代謝解析プローブ分子 ……………………………… 128
   2.2 多重共鳴技術を利用した化学種検出プローブ分子 ……………………………… 131
3 超偏極 ……………………………… 132
   3.1 超偏極技術を利用した代謝解析プローブ分子 ……………………………… 133
   3.2 超偏極技術を利用した人工センサー分子 ……………………………… 133
4 おわりに ……………………………… 135

第15章　プローブを用いるMRI分子イメージング　　犬伏俊郎

1　はじめに …………………………… 137
2　MRI法の位置づけ ………………… 137
3　分子（代謝産物）の追跡 ………… 138
4　細胞の磁気標識とMRIによる追跡 …… 140
5　ES細胞の生体内追跡……………… 141
6　ミクログリアとアルツハイマー病 …… 142
7　様々なMR分子イメージング用プローブ
　　……………………………………… 143
8　マルチモダリティーの活用 ……… 144
9　おわりに …………………………… 145

第16章　幹細胞を可視化する蛍光小分子化合物　　平田　直，上杉志成

1　はじめに …………………………… 146
2　幹細胞の登場 ……………………… 146
3　幹細胞のイメージング① ………… 148
4　幹細胞のイメージング② ………… 149
5　おわりに …………………………… 152

【第4編　イメージングを可能とする周辺技術】

第17章　量子ドットデリバリーシステム　　戸井田さやか，秋吉一成

1　はじめに …………………………… 153
2　量子ドットの特性 ………………… 153
3　細胞内へのデリバリーシステム … 154
　3.1　物理的な導入方法 ……………… 155
　3.2　表面修飾法 ……………………… 155
　3.3　細胞内での動態制御 …………… 155
　3.4　ナノキャリアとの複合化による導
　　　　入法 …………………………… 156
　3.5　イメージングと治療の両者を兼ね備
　　　　えたQDsナノ粒子……………… 158
　3.6　生細胞の多重染色 ……………… 159
　3.7　幹細胞治療のためのセンシング … 160
4　おわりに …………………………… 161

第18章　プローブデリバリーシステム
秋田英万，山田勇磨，中村孝司，畠山浩人，林　泰弘，梶本和昭，原島秀吉

1　はじめに …………………………… 163
2　細胞内動態を可視化するDDS…… 163
　2.1　核送達・核内動態の可視化 …… 163
　2.2　ミトコンドリアを標的とするDDS
　　　　開発とミトコンドリアイメージング
　　　　への応用 ……………………… 165
　2.3　抗原提示過程の可視化 ………… 167
3　組織選択的デリバリー …………… 168
　3.1　癌選択的デリバリー …………… 168
　3.2　肝臓へのデリバリー …………… 169
　3.3　脂肪組織選択的デリバリー …… 170
4　展望 ………………………………… 171

第19章　ペプチドベクターを用いた効率的細胞導入法
二木史朗，中瀬生彦

1　はじめに …………………………… 173
2　蛍光プローブの「細胞内」導入に求められる要件 …………………………… 173
3　アルギニンペプチドとピレンブチレートを併用するサイトゾルへのタンパク質導入法 …………………………… 175
4　pH感受性膜傷害ペプチドとカチオン性リポソームの併用によるタンパク質のサイトゾル導入法 …………………… 177
5　おわりに …………………………… 179

第20章　検出機器の開発現状と機器開発側からみたプローブ改良点
長谷川　晃

1　はじめに …………………………… 180
2　内視鏡の現状 ……………………… 180
　2.1　内視鏡 ………………………… 180
　2.2　近年の内視鏡診断技術の発展 … 181
3　蛍光プローブの現状　長所と短所 … 183
　3.1　蛍光プローブの現状 ………… 183
4　検出技術の方向性について ……… 184
4.1　定量性の確保に関する機器側の取り組み …………………………… 184
4.2　複数波長の検出に関する機器側の取り組み …………………………… 186
5　機器開発側からみたプローブ改良点 … 186
6　おわりに …………………………… 188

第21章　*in vivo*蛍光イメージングにおける機器開発状況とプローブへの期待―基礎研究から臨床応用に向けて―
樋爪健太郎

1　はじめに …………………………… 190
2　*in vivo*蛍光イメージングの特徴 … 190
3　小動物用*in vivo*蛍光イメージング装置の開発状況 ……………………… 191
4　より高感度検出に対する蛍光プローブへの期待 …………………………… 192
5　蛍光イメージングの臨床への応用 … 194

【第1編　プローブの開発】

第1章　有機蛍光プローブ

寺井琢也[*1]，長野哲雄[*2]

1　はじめに

　蛍光イメージングは現代の生物学研究において不可欠な手法の一つであり，タンパク質の局在や相互作用の可視化[1]，シグナル伝達分子の動的な挙動解析[2]，更には動物個体レベルでの病態診断[3]など幅広い用途に利用されている。フラビン含有タンパク質などの内在性蛍光分子を用いたイメージングも行われてはいるものの[4]，ほとんどの場合，蛍光イメージングを行うためには外来性の蛍光分子（有機蛍光分子，蛍光タンパク質，無機蛍光体など）を細胞もしくは動物へと導入することが必要になる。イメージングに用いる蛍光分子を総称して「蛍光プローブ」と呼ぶ場合もあるが，ここでは蛍光分子を化学的に修飾または遺伝的に改変することで，標的となる分子（もしくは細胞，組織）を認識してはじめて蛍光強度や波長等のパラメータが変化する，などの有用な性質を付与されたものに限って「蛍光プローブ」と定義する。蛍光プローブの中には，上の3種類の蛍光分子を単独で用いるものに加えて，複数種類の蛍光分子を併用するもの[5]や，核酸やペプチド，糖鎖などと組み合わせて機能を発揮するもの（2～4章を参照）などが存在する。本章ではその中で，特に有機蛍光小分子のみを用いた『有機蛍光プローブ』の基本について解説する。

2　蛍光とは

　蛍光とは，光子を吸収することでエネルギーの高い状態（＝励起状態）へと移行した分子が元の状態（＝基底状態，S_0）へと戻る際に別の光子を放出する現象のことを指す。この定義から分かるように，分子が蛍光を持つためには励起光と呼ばれる光を同時（正確には直前）に当てることが必要であり，この点が化学反応のエネルギーによって光を発する生物発光や化学発光との最大の相違点である。余談になるが蛍光（fluorescence）という単語は，加熱により青色に光る鉱物である蛍石（fluorite）から来ているそうだ。ちなみにフッ素（fluorine）も蛍石から発見された元素である。より厳密に言うと，励起状態の中でも分子全体の電子スピン総和が0である励起一重項状態（S_1）からの発光を「蛍光」と呼び，励起三重項状態（T_1）からの発光は「燐光（phosphorescence）」と呼ばれる（図1）。

[*1]　Takuya Terai　東京大学　大学院薬学系研究科　助教
[*2]　Tetsuo Nagano　東京大学　大学院薬学系研究科　教授

蛍光イメージング／MRIプローブの開発

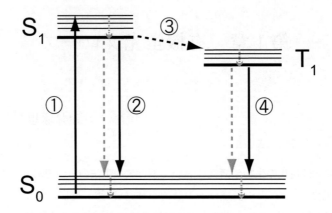

図1　Jablonskiダイアグラム
①吸収（absorption），②蛍光（fluorescence），③系間交差（intersystem crossing），④燐光（phosphorescence），その他（灰色破線矢印）は総称して内部転換（internal conversion）と呼ばれる無輻射遷移である。

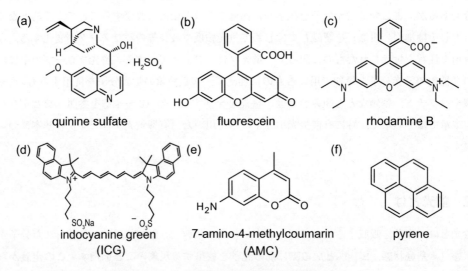

図2　代表的な蛍光分子の化学構造

多くの芳香族化合物は多少なりとも蛍光を有しているが，有機化合物の蛍光を最初に発見したのは1845年のSir Herschelであるとされている。彼は，硫酸キニーネ（図2a）と酒石酸を水に溶かして太陽光の下で観察すると，本来透明な溶液の表面付近が美しい青色に光ることを見出した[6]。この論文中で彼は，酒石酸以外の酸を用いても青い光が見られるが塩基性溶液中では光が見られないこと，塩基性溶液に酸を加えると青い光が回復すること，更にシンコニンやサリシンなど（当時の科学者から見れば）類似の物質ではこの現象が見られないこと，など今日の実験化学者にも通じる態度で報告を行っている。なお，硫酸キニーネは現在においても代表的な蛍光分子の一つであり，特に蛍光量子収率（＝吸収された光子のうち蛍光として放出される数の割合）

測定の標準物質として汎用されている。

　さて，図1は蛍光という現象，並びにプローブの設計法（後述）を説明するためにしばしば使われる概念図であり，提唱者の名を取ってJablonskiダイアグラムと呼ばれている。ここで，縦軸はエネルギーの高さを表し，矢印は状態間の移動（遷移）を表現している。Alexander Jablonskiはポーランドの物理学者であり，蛍光に関する理論的・実験的な研究に多大な功績を残した。1930年代の論文において彼は，「蛍光」は光吸収によって得られる励起状態（現在でいう S_1）から基底状態への直接の遷移により放出されるのに対して，「燐光」はその下にある中間的な励起状態（現在でいう T_1）から基底状態への遷移であることを主張した[7]。より正確には，図1において細線で表される微細な振動状態が各状態についてそれぞれ存在している。振動状態間の移動（内部変換）は極めて速いため，蛍光や燐光は最も低い振動状態（図1では太線）からのみ観察される。したがって，蛍光は吸収よりもエネルギーの低い長波長側で起こることになるが，この差は発見者の名を取ってStokesシフトと呼ばれている[8]。

3　有機蛍光分子

　硫酸キニーネ以外にも，現在では多数の有機蛍光分子が知られている（図2b-f）。本項では代表的な蛍光分子についてその性質と特徴を概説する。この他にも，BODIPY[9]やナフタルイミド[10]，希土類金属錯体[11]などが有名であるが，関心のある読者は参考文献を参照されたい。

3.1　キサンテン系蛍光団

　フルオレセイン（図2b）やローダミンB（図2c）などのキサンテン系蛍光団は500～650 nm付近に蛍光を有する最も代表的な蛍光分子である。どちらも非常に古くから知られており，フルオレセインは1871年にBaeyerによって[12]，ローダミンは1888年にCeresoleによって[13]，いずれも布の染色剤として報告された化合物である。フルオレセインは分子内に2つの負電荷を有しているために水溶性が高く，現在では入浴剤や眼科用診断薬としても利用されている。キサンテン環6位の水酸基が脱プロトン化される中性～塩基性条件下でのみ強い緑色蛍光を発するため，pHセンサーとしても機能する。ローダミンの場合は窒素原子上の置換基によって波長が変化するが，pHに依らず概ね赤色の強い蛍光を持つ。他の有機蛍光分子と比較して光褪色に強いことが知られており，細胞内のミトコンドリアに集積しやすい性質からミトコンドリアの膜電位指示薬としても有用である[14]。

　これらの蛍光団は現在でもタンパク質やDNAの蛍光標識に広く使われている他，蛍光プローブの基本骨格としても汎用されている。フルオレセインを基本としたプローブは一般に細胞膜を透過できないため，蛍光イメージングにはエステル化した誘導体が用いられる[15]。一方ローダミン類を母核としたプローブは，ミトコンドリア内の標的分子を選択的に検出したい際に有用である[16]。

3.2 シアニン類

シアニンは，窒素原子を有する複素環構造をポリメチン鎖で連結した化合物の総称である[17]。写真の現像や印刷，光ディスクなどに古くから利用されているが[18]，近年は蛍光イメージング用色素としても広く用いられている。メチン鎖の長さと複素環の構造によって吸収・蛍光波長が大きく変化し，特に700 nm以上の近赤外領域まで波長を伸ばすことができる点が特徴である。一般に，650〜900 nmの波長領域は生体組織に対する光の透過性が優れているとされ[3]，個体を用いた蛍光イメージングには有用である。例えば図2dに示したインドシアニングリーン（ICG）は800 nm付近に蛍光を有しており，乳がんにおけるセンチネルリンパ節の同定に実際の臨床現場でも利用されている[19]。また最近では，シアニンが光によって明滅を繰り返す（photoswitching）性質を利用した超解像度イメージング（STORM）も行われている[20]。

3.3 クマリン類

クマリン類は，350〜500 nm付近の比較的短波長に吸収・蛍光を有する蛍光色素である。無置換のクマリンはほぼ無蛍光性であるが，7位にヒドロキシル基またはアミノ基を導入した化合物（図2e）は強い青色の蛍光を発する。7位の官能基がエーテルやアミドで保護されると吸収波長が大きく短波長シフトするので，これを利用して様々な加水分解酵素に対する蛍光プローブが開発・市販されている[21]。また，クマリンの蛍光波長はフルオレセインの吸収波長と重なりが大きいため，後述するFRET型蛍光プローブにおけるドナーとしても利用される[22]。

3.4 ピレン類

ピレン（図2f）は4つのベンゼン環が縮合した構造をしており，疎水性が高いために極性溶媒には溶解しにくい。溶液中におけるピレン蛍光の特徴は濃度によって蛍光スペクトルが変化することであり，希薄溶液中では375 nmの青色光，高濃度溶液中では475 nmの黄緑色光が観察される。これは励起状態において2つのピレン分子が相互作用し，エキシマー（excimer）を形成することに由来する[23]。ピレンや，その長波長類縁体であるペリレンの誘導体は，脂溶性の高さを生かした細胞膜の蛍光標識[24]やエキシマー形成を利用した蛍光センサー[25]において利用されている。

4 有機蛍光プローブの設計と具体例

本節では，有機蛍光プローブの分子設計に用いられる代表的な原理について，いくつかの例を交えて解説する。

4.1 光誘起電子移動（PeT）

光誘起電子移動（photoinduced electron transfer, PeT）とは，励起された蛍光分子Fと近傍

の分子 D（電子供与体）との間で電子が移動する現象のことである（図3a 左）[26]。電子移動の結果として2つのラジカルが生じるが，この状態（電荷分離状態，CS）は非常に不安定であるため，すぐに失活して基底状態へと戻る[27]。PeT が効率よく起こる場合，本来は蛍光に使われるはずのエネルギーの大半が無輻射に失われるため分子 F は無蛍光となる。PeT は光合成にも関与する一般的な光化学反応であり，物理化学的には Rehm-Weller 式（式(1)）[28]および Macrus式[29]よって記述される。式(1)から，分子 D の酸化電位が低い場合に PeT は起こり易くなり，蛍光が Off へと向かうことが理解されよう。更に好都合なことに，共役的に独立していれば F と D は同一分子内の2つの部分であっても構わない。

$$\Delta G_{PeT} = E_{ox}(D/D^+) - E_{red}(F/F^-) - E_{00} - C \tag{1}$$

ΔG_{PeT}：電子移動に伴う自由エネルギー変化，D：電子供与体，F：蛍光団，E_{ox}：酸化電位，E_{red}：還元電位，E_{00}：励起エネルギー，C：溶媒項

したがって，ある化学反応により電子供与体 D の酸化電位が変化する場合，PeT を利用して蛍光強度が上昇するプローブを設計できる（図3a）。初期の例として，de Silva らにより報告された pH プローブを示す（図3b）[30]。このプローブは塩基性条件下ではアミン部位からアントラセンへの PeT によって弱蛍光性となっているが，酸性条件下でアミンがプロトン化されると PeT による消光が解除されてアントラセンの蛍光が上昇する。フルオレセインやローダミンの場合は，9位のベンゼン環がキサンテン環と立体的に直交しているため[31]，この部分に反応点を導入することで同様に PeT 型蛍光プローブを開発することができる[16,32,33]。当研究室で開発された一酸化窒素（NO）検出蛍光プローブ DAF-2 もその一つであり（図3c），血管内皮細胞等が産生する NO をリアルタイムでイメージング可能な世界初の蛍光プローブとして実用化されている[34]。

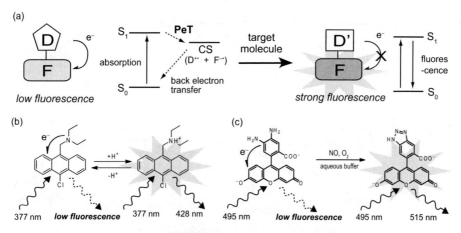

図3 光誘起電子移動（PeT）による蛍光制御
(a) 酸化電位が低い D が近傍に存在する場合，電子移動により蛍光団 F は無蛍光性となるが（左），D が反応によって酸化電位が高い D' に変化すると F は通常の蛍光を発する（右）。(b) PeT を作動原理とした pH 感受性蛍光プローブ。(c) PeT を作動原理とした NO 蛍光プローブ DAF-2。

4.2 Förster 型共鳴エネルギー移動（FRET）

Förster 型共鳴エネルギー移動（Förster resonance energy transfer，FRET）とは，その名の通り Förster により発見された2分子間のエネルギー移動過程であり，しばしば fluorescence resonance energy transfer とも呼ばれる。FRET は2つの分子が次の3条件を全て満たす場合に起こる[35]。

① 2つの分子の距離が十分小さい
② 一方の分子（ドナー）の蛍光スペクトルと，もう片方の分子（アクセプター）の吸収スペクトルに十分な重なりがある
③ 遷移の双極子モーメントが互いに直交しない配向関係にある

FRET が効率よく起こる場合，ドナー分子 D のエネルギーはアクセプター分子 A へと移動するため分子 A が励起状態となる。したがってもし A が蛍光分子であるならば，D を励起すると結果的に A の蛍光が観察されることになる（図4a 左）。数式的には，FRET 効率 E は式(2)で表される。ここで，R_0 は Förster 半径と呼ばれ，FRET が50%の効率で起こる距離を表す。

$$E = \frac{R_0^6}{R_0^6 + r^6} \quad \text{但し} \quad R_0^6 = \frac{9000(\ln 10)\kappa^2 J}{128\pi^5 n^4 N_A} \cdot \Phi_D \tag{2}$$

r：2分子間の距離，κ：配向因子，J：ドナーの蛍光スペクトルとアクセプターの吸収スペクトルとの重なり積分，N_A：アボガドロ数，Φ_D：アクセプター非存在下でのドナーの蛍光量子収率，n：屈折率

FRET は蛍光タンパク質を用いたプローブ[36]や創薬研究におけるスクリーニング系[37]では最も

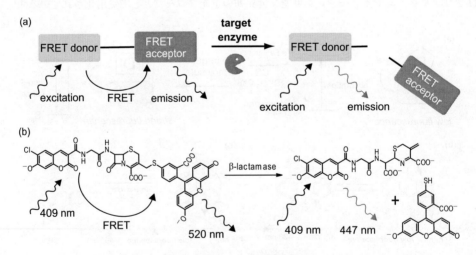

図4　FRET による蛍光制御の例
(a) スペクトルが重なる2分子が近くに存在する時，FRET が生じてアクセプター由来の蛍光が観察されるが，リンカーの切断等により FRET が解消されるとドナー蛍光が見られるようになる。(b) FRET 型 β-ラクタマーゼプローブ CCF2。

第1章 有機蛍光プローブ

一般的な検出原理であるが，有機蛍光分子を用いたプローブも多数報告されている。FRET型プローブの場合，反応前後で2波長の蛍光強度比が変化するため，両者の比（レシオ）を取ることにより定量的な解析が可能となる。例えば，Tsienらは1998年にβ-ラクタマーゼに対するFRET型蛍光プローブを開発し[22]，細胞内の遺伝子発現を蛍光イメージングにより定量できることを報告している（図4b）。他の例としては，ホスホジエステラーゼの活性を検出する蛍光プローブ[38]や，タンパク質の挙動解析に用いられるSNAPタグの可視化プローブ[39]などが挙げられる。

4.3 分子内電荷移動（ICT）

分子内電荷移動（intramolecular charge transfer, ICT）とは，励起された蛍光分子内で部分的な電荷の移動が起こる現象であり，クマリンやベンゾフランなどの誘導体において観察される[40]。これらの蛍光分子は分子内に電子求引性置換基と供与性置換基を併せ持っており，励起状態においては溶媒による安定化を受けて電荷が偏った状態（CT状態）へと移行するため（図5a），一般にStokesシフトが大きく，溶媒極性に依存した蛍光を発する。CT状態は金属配位などによりその高さが変化するため（この時，通常は吸収波長も変化する），ICTを利用した金属イオン蛍光プローブが多く開発されている[41,42]。代表例として，Tsienにより開発された有名なCa^{2+}蛍光プローブであるfura-2が挙げられる（図5b）[41]。

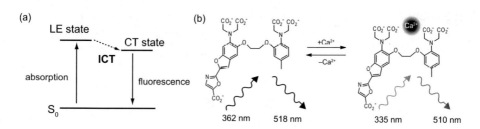

図5　ICTによる蛍光制御
（a）ICT型の蛍光団では，基底状態での原子配置を保ったLE励起状態とは異なるCT励起状態から蛍光が放出される。（b）ICTを原理とする波長変化型Ca^{2+}プローブfura-2。

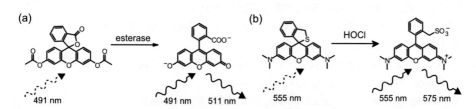

図6　スピロ環化を利用した蛍光プローブ
（a）エステラーゼプローブFDA。（b）次亜塩素酸プローブHySOx。いずれも反応前は可視光領域に吸収を持たないため，分子の励起自体が起こらない。

4.4 分子内スピロ環化

上記3つの設計原理では，基本的には励起状態に対する摂動によって発蛍光過程を制御している。しかし基底状態の分子構造を変化させることによっても蛍光の制御は可能である。分子内スピロ環化はその代表例であり，キサンテン系蛍光団において古くから知られている。例えば，フルオレセインの3,6位をアセチル基で保護したFDA（図6a）は可視領域に吸収を持たないため，490 nm付近で励起しても全く蛍光は見られない。この化合物はエステラーゼの活性検出に利用されるほか，細胞の生死判定にも用いることができる[43]。最近ではローダミン類のスピロ環化を利用したプローブが多く報告されており，当研究室が開発した次亜塩素酸選択的蛍光プローブHySOx（図6b）[44]などがある。

5 おわりに

有機蛍光プローブを用いた蛍光イメージングは，一般にシグナルの変化量に優れており遺伝子導入も不要である。また，無機蛍光材料や蛍光タンパク質と比較してサイズが小さく，4節で紹介したように様々な分子設計が可能である。応用的な観点から見ても，現在ヒトの体内で用いることが許されている蛍光物質（フルオレセイン，ICG，メチレンブルーなど）は有機蛍光分子のみであり，これらの誘導体である有機蛍光プローブが臨床で活躍する日も遠くないと期待される。紙面の制約から本稿では説明が不十分な項目も数多くあるが，詳しくは成書[45,46]や総説[47,48]を参照されたい。

文　献

1) J. Lippincott-Schwartz *et al.*, *Nat. Rev. Mol. Cell. Biol.*, **2**, 444 (2001)
2) F. S. Wouters *et al.*, *Trends Cell Biol.*, **11**, 203 (2001)
3) R. Weissleder *et al.*, *Nat. Med.*, **9**, 123 (2003)
4) B. B. Theyel *et al.*, *Nat. Protocols*, **6**, 502 (2011)
5) L. Shi *et al.*, *J. Am. Chem. Soc.*, **128**, 10378 (2006)
6) Sir J. F. W. Herschel, *Phil. Trans. Roy. Soc.* (*London*), **135**, 143 (1845)
7) A. Jabłoński, *Nature*, **131**, 839 (1933)
8) G. G. Stokes, *Phil. Trans. Roy. Soc.* (*London*), **142**, 463 (1852)
9) A. Loudet *et al.*, *Chem. Rev.*, **107**, 4891 (2007)
10) T. Gunnlaugsson *et al.*, *Coord. Chem. Rev.*, **250**, 3094 (2006)
11) J.-C. G. Bünzli, *Chem. Rev.*, **110**, 2729 (2010)
12) A. Baeyer, *Ber. Dtsch. Chem. Ges.*, **4**, 555 (1871)

第1章　有機蛍光プローブ

13) M. Ceresole, U. S. Patent, 377349 (1888)
14) R. C. Scaduto et al., *Biophys. J.*, **76**, 469 (1999)
15) T. Hirano et al., *J. Am. Chem. Soc.*, **124**, 6555 (2002)
16) Y. Koide et al., *J. Am. Chem. Soc.*, **129**, 10324 (2007)
17) A. Mishra et al., *Chem. Rev.*, **100**, 1973 (2000)
18) L. G. S. Brooker et al., *J. Am. Chem. Soc.*, **57**, 547 (1935)
19) C. Hirche et al., *Breast Cancer Res. Treat.*, **121**, 373 (2010)
20) M. Bates et al., *Science*, **317**, 1749 (2007)
21) 株式会社ペプチド研究所, http://www.peptide.co.jp/ja/
22) G. Zlokarnik et al., *Science*, **279**, 84 (1998)
23) J. B. Birks et al., *Spectrochim. Acta*, **19**, 401 (1963)
24) P. Somerharju, *Chem. Phys. Lipids*, **116**, 57 (2002)
25) Y. Sagara et al., *Angew. Chem. Int. Ed.*, **47**, 5175 (2008)
26) G. J. Kavarnos, 小林宏編訳, 光電子移動, 丸善 (1997)
27) この説明ではDからFへ電子が移動する場合を想定しているが, 逆方向の移動も存在する。例えば Y. Fujikawa et al., *J. Am. Chem. Soc.*, **130**, 14533 (2008)
28) D. Rehm et al., *Isr. J. Chem.*, **8**, 259 (1970)
29) R. A. Marcus, *Angew. Chem. Int. Ed. Engl.*, **32**, 1111 (1993)
30) A. P. de Silva et al., *J. Chem. Soc., Chem. Commun.*, 1669 (1985)
31) Y. Urano et al., *J. Am. Chem. Soc.*, **127**, 4888 (2005)
32) T. Ueno et al., *J. Am. Chem. Soc.*, **126**, 14079 (2004)
33) S. Izumi et al., *J. Am. Chem. Soc.*, **131**, 10189 (2009)
34) H. Kojima et al., *Anal. Chem.*, **70**, 2446 (1998)
35) T. Förster, *Discuss. Faraday Soc.*, **27**, 7 (1959)
36) A. Miyawaki et al., *Nature*, **388**, 882 (1997)
37) J. Karvinen, et al., *J. Biomol. Screen.*, **7**, 223 (2002)
38) H. Takakusa et al., *J. Am. Chem. Soc.*, **124**, 1653 (2002)
39) T. Komatsu et al., *J. Am. Chem. Soc.*, **133**, 6745 (2011)
40) K. A. Zachariasse et al., *J. Photochem. Photobiol. A*, **102**, 59 (1996)
41) G. Grynkiewicz et al., *J. Biol. Chem.*, **260**, 3440 (1985)
42) K. Komatsu et al., *J. Am. Chem. Soc.*, **129**, 13447 (2007)
43) K. H. Jones et al., *J. Histochem. Cytochem.*, **33**, 77 (1985)
44) S. Kenmoku et al., *J. Am. Chem. Soc.*, **129**, 7313 (2007)
45) J. R. Lakowicz, "Principles of Fluorescence Spectroscopy 3rd Edition", Springer (2006)
46) I. Johnson et al., "The Molecular Probes Handbook 11th Edition", Life Technologies (2010)
47) T. Terai et al., *Curr. Opin. Chem. Biol.*, **12**, 515 (2008)
48) 長野哲雄, 薬学雑誌, **126**, 901 (2006)

第2章 核酸を蛍光標識する：核酸結合性蛍光色素・蛍光標識核酸プローブの基礎

岡本晃充*

1 はじめに

　核酸（DNA・RNA）は，細胞を構成する分子群の中でも特に重要な働きを担っている分子である。細胞機能を理解するためには，細胞の中で働く核酸分子をつぶさに観察するべきだろう。観察するためには何か目印を付ける必要がある。核酸に取り付けられる目印として蛍光色素が用いられることが多く，本稿では蛍光標識に絞って話を進めたい。

　核酸を蛍光標識することによって知りうることは，①核酸断片の存在，②特定の核酸配列を有する核酸の存在，③その場の核酸の量などである。①については，核酸はたいていの場合巨大な分子であり，その解析のために，制限酵素などで断片化することが多い。その場合，電気泳動などを用いて断片を鎖長に応じて分離する。分離断片を検出するために蛍光試薬で標識する。②については，核酸断片混合物の中から，特定の核酸配列を有する核酸だけを検出する。検出したい核酸配列に相補的な配列を有する核酸にあらかじめ蛍光標識を導入し，この蛍光性核酸を標的核酸とハイブリダイゼーション（二本鎖形成）させる。ただし，この場合，洗浄もしくは蛍光色素に特殊な仕掛けを必要とする。③については，マイクロサテライトなどのDNA繰り返し配列の繰り返し回数や組織・環境に応じて変動するRNAの発現量などの定量を目的として，標的核酸に結合した蛍光色素からの蛍光強度が測定される。

　核酸の蛍光標識を利用することにより，溶液中の核酸の検出だけでなく，チップやゲルでの核酸の単離と分析や組織・細胞内での遺伝子発現のモニタリングが可能になる。さらに，RNAに限れば，それぞれのRNAに対して配列・サイズ・高次構造の違いを調べるだけでなく，それらが細胞のどこで，いつ，どの位の量が発現しているか調べることが重要であり，さらにはどこへ運ばれて，どこに局在化しているかも知る必要がある。RNAの1次構造解析（配列解析）で知りうる内容にとどまらない。したがって，核酸の蛍光検出は，単なる分子生物学的研究のツールであるばかりでなく，細胞分化の機構解析や疾病の分子診断などに広く応用可能である。核酸への蛍光標識は多種多様であり，場面に応じて使い分けられる。本稿では，核酸への蛍光標識を標識技術ごとに分類し，以下に説明する。

＊ Akimitsu Okamoto　㈱理化学研究所　基幹研究所　岡本核酸化学研究室　准主任研究員

第2章 核酸を蛍光標識する:核酸結合性蛍光色素・蛍光標識核酸プローブの基礎

2 核酸に蛍光性物質を非共有結合的に標識する

核酸構造を認識して結合する蛍光性物質を用いることにより簡便に核酸を標識することができる。このような蛍光性物質としては,①インターカレーター(エチジウムブロミド,SYBR Green I など),②マイナーグルーブバインダー(DAPI,Hoechst33342 など),③蛍光標識した抗体・ペプチドなどが列挙できる(図1)[1,2]。メリットとして簡便さが挙げられるが,一方で例えば PCR 反応によって非特異的な産物ができていると,そこにも結合して蛍光を発するため,誤った蛍光を検出する可能性も大きい。また,配列に選択的な蛍光検出はできない。

① インターカレーター

エチジウムブロミドは,最も一般的に用いられている核酸検出用蛍光試薬のひとつであり,ゲル電気泳動における核酸の染色に有効である。SYBR Green I は,「サイバーグリーン」と呼ばれ,二本鎖 DNA への選択的染色に有効である。高感度でリアルタイム PCR に多用される。ただし,安定性が低く,用事調製が必要である。一本鎖 DNA や RNA の検出には,SYBR Green II のほうが有効である。

② マイナーグルーブバインダー

細胞核を染色する目的で最も用いられている DNA 特異的蛍光色素として,DAPI(4',6-diamidino-2-phenylindole),Hoechst33258,Hoechst33342 などがある。これらの蛍光試薬は,細胞を浸している外液に加えるだけで細胞に取り込まれて,細胞内の DNA を染色する。DNA に結合した蛍光試薬だけが蛍光性となり,DNA に結合しない状態では蛍光を出さない。そのため,結合しなかった余剰な試薬を除去しなくても,DNA 特異的な蛍光が観察できるので,染色が簡単である。いずれも二本鎖 DNA のアデニン-チミンに富んだ領域のマイナーグ

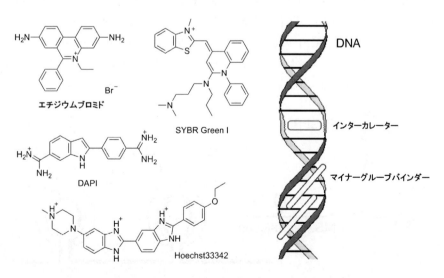

図1 核酸を非共有結合的に結合して標識する蛍光試薬と結合様式

ループへ結合するため，二本鎖 DNA 特異的であり，一本鎖 DNA や RNA には結合しない。Hoechst33342 は，膜透過性が高く，短時間の染色でコントラストの高い画像が得られる上に，染色の保持時間が長いので，生細胞観察に適している。

③　蛍光標識した抗体・ペプチド

核酸上の修飾塩基（例えば 5-メチルシトシンや 8-ニトログアニンなど）に特異的に結合する抗体が市販されている。これらを市販の抗体蛍光標識キットを用いて蛍光標識し，標的の核酸に添加することにより核酸を間接的に標識できる。また，蛍光タンパク質と核酸結合性ペプチドのコンジュゲートを用いても核酸を標識できる。一例として，核酸上での蛍光タンパク質の再構成を利用した方法がある。特定の RNA 配列と特異的に結合する Pumilio タンパク質を蛍光タンパク質 EGFP の再構成法と組み合わせた場合では，EGFP の 2 つの断片をそれぞれ改変 Pumilio タンパク質（mPUM1，mPUM2）に融合させる[3]。これらが標的の RNA に結合したとき，RNA 上で EGFP が再構成され，蛍光を発する。

ほかにも，蛍光物質の構造を認識して複合体を形成する核酸配列を用いて蛍光標識する方法もある。このような配列およびそれによって形成される高次の核酸構造を「アプタマー」と呼ぶ。アプタマーを核酸末端に装備する，時には繰り返し連続で導入することにより，その核酸を蛍光標識することができる。マラカイトグリーン[4]や Hoechst 色素誘導体[5]のアプタマーが蛍光標識に有効である。核酸末端へのアプタマーの導入において，手間がかかる場合もあるが，アプタマーに結合したときにだけ強い蛍光を発する蛍光色素を選択することによって効果的に標的の核酸だけを検出することができる。

また，ステム―ループ構造を有する MS2 RNA と呼ばれる 19 塩基の RNA 配列を利用したイメージング手法がある（図 2）[6]。この場合，解析対象の RNA の非翻訳領域に MS2 RNA 配列を連続して挿入する。検出には，蛍光性タンパク質を融合した MS2 結合タンパク質（MCP-GFP）を用いる。2 分子の MCP-GFP が 1 回の MS2 ステム―ループ構造に対して結合する。MS2 配列を繰り返すことにより MCP-GFP の数が増し，その結果として検出感度が高まる。MS2 配列が 24 回繰り返されると，1 分子蛍光観察が可能な明るさになるといわれている。ただし，RNA と

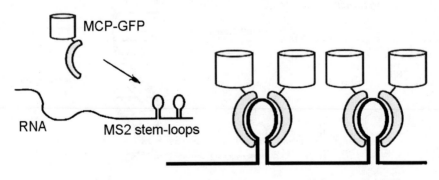

図 2　RNA 末端に導入された MS2 配列に対する MCP の結合による蛍光標識

結合していない MCP-GFP からの蛍光はそのままバックグラウンドノイズとなるので，MCP-GFP に核移行シグナルペプチドをあらかじめ付加しておくことが望ましい．核移行シグナルは，標的の RNA に結合できなかった MCP-GFP を核内へ除去し，細胞質内 RNA の観察を効果的にする．

3 蛍光物質を共有結合的に結合させた核酸を使う

核酸へ蛍光物質を共有結合的に連結する方法として最もシンプルなのが，核酸合成酵素を介して蛍光性ヌクレオチドを cDNA へ取り込ませる方法である（直接標識法）．サンプルから抽出した mRNA あるいはトータル RNA から cDNA を合成する際に蛍光標識したヌクレオチドを取り込ませる．一般的な逆転写反応を利用して直接標識するため簡便性が高いが，蛍光色素の種類に応じて酵素による取り込み効率にばらつきがある．

一方，反応性部位を有する蛍光色素を核酸と反応させる方法もある（間接標識法）．核酸塩基に含まれるアミノ基と，スクシンイミジルエステル基で活性化されたリンカーを有する蛍光色素を混合することによりアミド結合を生成させ，核酸を標識する．また，後述のように核酸自動合成機を用いて，反応性部位（アミノ，スクシンイミジルエステル，チオール，マレイミド，アルデヒドなど）を核酸にあらかじめ導入しておくこともでき，これを橋頭堡にして蛍光色素を核酸に連結することが可能である．この方法によって，核酸を「量子ドット」などで標識することもできる[1,2]．量子ドットは，金属や半導体でできたナノスケールの粒子であり，サイズに応じて発光特性を制御することができる．核酸の高感度検出や新しいスクリーニング技術の開発へとその用途展開が期待されている．有用なプローブとして期待されている理由は，①同一材料であってもサイズを変えることにより蛍光波長を制御できること，②単一の励起波長で種々の蛍光色を示す量子ドットを同時に励起できること，③光褪色に対する安定性が優れており長時間連続観察に有望であることなどが挙げられる．

4 核酸自動合成機を用いて蛍光性核酸を化学合成する

蛍光性核酸を化学合成すれば，核酸1分子あたりの蛍光量があらかじめ決まってしまうので，定量的な核酸検出実験が容易になる．蛍光性核酸の作成は酵素を用いても可能だが，数十塩基程度の短いものや非天然の要素を取り入れた核酸の作成においては DNA/RNA 自動合成機が主に用いられる．DNA/RNA 自動合成機では，ヌクレオチドの原料として，ヌクレオシドホスホロアミダイトを用いる（図3）[7]．ヌクレオシドホスホロアミダイトの化学構造の中には，リン酸の前駆体であるホスホロアミダイトが3位に連結されているとともに，選択的な脱保護を可能にするさまざまな保護基によって保護された水酸基やアミノ基が含まれている．化学合成されたヌクレオシドホスホロアミダイトが入ったボトルが DNA/RNA 自動合成機に取り付けられ，反応に

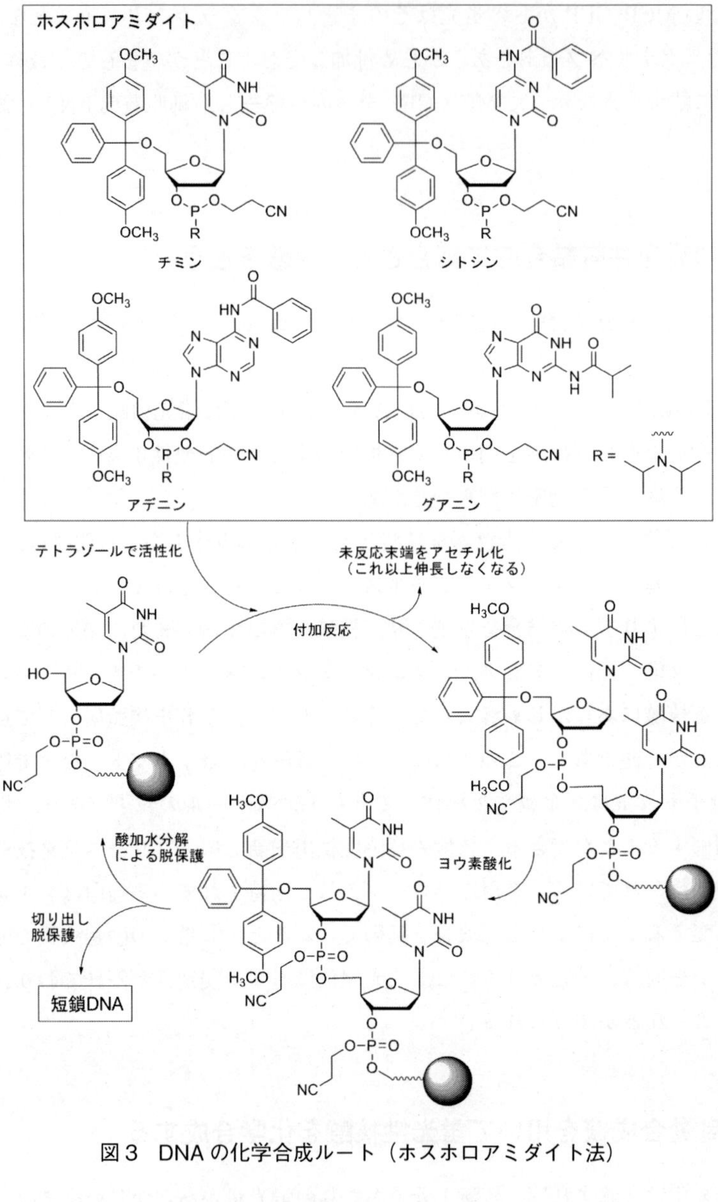

図3 DNA の化学合成ルート（ホスホロアミダイト法）

供される。この合成法では，3'側の固相担体から5'側へ順に，5'保護の酸加水分解，付加反応，未反応末端のキャッピング，酸化反応が装置上で繰り返されて，ヌクレオチドが次々と連結される。現在の自動合成法では，100塩基長未満であれば，ほぼ安定的に合成できる。担体上に全てのヌクレオチドを連結し終えたら，アンモニアなどの穏和な塩基性水溶液の中で担体からの切り出しと脱保護を行う。得られた人工核酸は，カートリッジや高速液体クロマトグラフやゲル電気泳動などで精製される。この方法を用いることによって，天然構造の核酸だけでなく，蛍光色素などを含む人工的な構造をもつ核酸も得ることができる。

5 標的の核酸と結合したときにだけ蛍光発光する人工核酸を創る

蛍光性人工核酸プローブを用いた核酸イメージングに期待されることは，ただ蛍光発光が観察できるだけでなく，標的核酸の増減に対して蛍光色素からの発光が鋭敏に応答すること，過剰な蛍光分子に由来するバックグラウンド蛍光や非特異的蛍光のような余分な蛍光をできる限り回避することである。そのためには，標的核酸に結合していない状態において，蛍光発光を示さないように十分に制御された蛍光性核酸を設計する必要がある。そのためには，たとえ励起光を照射しても励起光を吸収した色素から蛍光を発しない一方，標的核酸と結合した場合には励起光照射によって強い蛍光を発するような蛍光制御系を，光物理学的側面から考慮する必要がある。そのような蛍光制御系2例を示し，それぞれについて代表的な蛍光性核酸プローブを紹介する。

5.1 蛍光（Förster）共鳴エネルギー移動（FRET）

FRETは，ドナー分子が励起状態にあり，かつアクセプター分子が基底状態の時に生じる，光放射を伴わないドナーからアクセプターへのエネルギー移動である。ドナーの蛍光スペクトルとアクセプターの吸収スペクトルが重なっていることが必須であり，またFRET効率はドナーとアクセプターとの間の距離の6乗に反比例する。距離の変化に対して非常に感受性が高いこの物理現象を，核酸とのハイブリダイゼーション前後に起こる核酸プローブの大きな構造変化と組み合わせることにより，ハイブリダイゼーションに依存する蛍光制御可能な系へと発展させることができる。

FRETを利用したプローブの例1：モレキュラービーコン

蛍光性核酸プローブの中で最も代表的なのが，「モレキュラービーコン」である（図4（a））[8]。これは，ステム構造とループ構造を単一鎖内に持ち，両末端に接続された蛍光団と消光団が近接するように設計された人工核酸である。この構造では，消光団が蛍光を消光する。一方，標的の核酸を加えることによりモレキュラービーコン中央のループ部分が標的の核酸と二重鎖を形成すると，ステム構造が解かれて蛍光団と消光団の間に距離が生じ，それまで抑制されていた蛍光が現れる。この手法を用いて，ショウジョウバエ卵における *oskar* mRNA，細胞に感染したインフルエンザAウイルスのmRNAなどの輸送と局在などが報告されている。

FRETを利用したプローブの例2：TaqManプローブ

このプローブには，5'末端にレポーターとなる蛍光物質，3'末端にその蛍光を励起エネルギーとして吸収する別の波長特性を有する蛍光物質が消光団として標識されている[9]。プローブが鋳型にハイブリダイゼーションしただけでは消光団へのFRETによってその蛍光は抑制されているが，伸長反応ステップでポリメラーゼの5'→3'エキソヌクレアーゼ活性によってプローブが分解されると，蛍光物質が消光団から離れるため蛍光が発せられるようになる。FAM-TAMRAという組み合わせが多用されている。

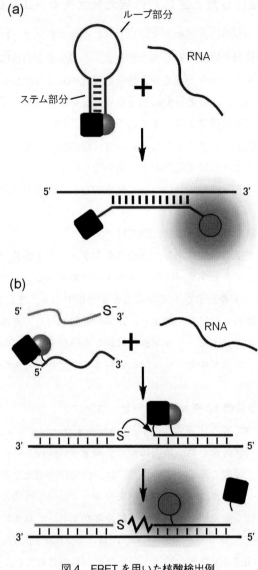

図4 FRET を用いた核酸検出例
(a) モレキュラービーコン, (b) QUAL プローブ。

FRET を利用したプローブの例3：QUAL プローブ

　反応性核酸のオートライゲーションを利用したプローブ（QUAL プローブ）が開発されている（図4 (b)）[10]。3' 末端にホスホロチオエートを有する鎖と 5' 末端側に脱離基としての消光団およびその近傍に蛍光団を連結した鎖（この時点では蛍光を示さない）を用意する。両者が標的の RNA に対して近接してハイブリダイゼーションすると，ホスホロチオエートがもう一方の鎖の消光団の付け根の炭素原子に対し自動的に攻撃し，消光団が脱離する。結果として，標的の

第2章　核酸を蛍光標識する：核酸結合性蛍光色素・蛍光標識核酸プローブの基礎

RNAと二本鎖を形成した新しい蛍光核酸が生じる。固定した大腸菌のrRNAの検出などが報告されている。

5.2　励起子相互作用

チアゾールオレンジ系の色素群は，元来，独特の蛍光特性を持つ。色素が複数個並行に集合した状態（H会合体）を形成すると，蛍光発光は大きく抑制される。この効果は，励起子相互作用と呼ばれ，色素の励起状態が，色素の会合に伴い複数のエネルギーレベルへ分裂する（図5）[11]。許容である上位エネルギーレベルへの励起のあと速やかに下位エネルギーレベルへの内部変換が起こるが，そこからの蛍光発光経路が禁制であり，その結果として会合状態の色素からの蛍光が強く抑制される。この効果は，会合体を形成した色素の吸収帯が単一の色素の吸収帯より短い波長に現れるということで確認できる。この色素間励起子相互作用が解除された状態になれば，再び蛍光発光を取り戻すだろう。したがって，標的核酸へのハイブリダイゼーションに応じて複数個の色素による励起子相互作用が制御できるような分子設計により，明確な蛍光のオン・オフを示す効果的な新規ハイブリダイゼーションプローブを得られる。

励起子相互作用を利用したプローブの例：ECHOプローブ

ECHO（Exciton-Controlled Hybridization-sensitive Oligonucleotide）プローブが励起子相互作用を利用したプローブとして代表的である[12]。ECHOプローブは，チミンまたはシトシン5位の炭素原子からリンカーを介して2分子の蛍光色素（たとえばチアゾールオレンジなど）が連結されたヌクレオチドを有している。チアゾールオレンジを連結したヌクレオチド（D_{514}）を含むECHOプローブ（図5）の場合，単独では480nmの吸収帯が強く現れる一方で，相補的な核酸（DNAでもRNAでも）とハイブリダイゼーションしたあとでは510nmの吸収帯が優勢になる。この吸収帯のシフトは，ハイブリダイゼーションしていない状態のプローブでは，色素会合体形成に起因する励起子相互作用が現れていることを示している。その結果，標的核酸とハイブリダイゼーションする前には蛍光発光が強く抑制される。一方，ハイブリダイゼーションしたあとには，色素会合体の解離とそれらの核酸構造への緩やかなインターカレーションによって，励起子相互作用は解除され強い蛍光発光を示すようになる。

ECHOプローブは，生きた細胞の中のmRNAの検出に有効である[13]。例えば，マイクロインジェクションを使ってECHOプローブ5'-d（TTTTTTD_{514}TTTTTT）-3'をHeLa細胞内へ導入すると，ポリA RNA配列（主としてmRNAの3'末端のポリAテール）に結合し，緑色蛍光を発する。mRNAをターゲットとしない配列を持つECHOプローブが同様の方法で生細胞内にインジェクションされても，それらの蛍光発光はほとんど現れない。つまり，バックグラウンド蛍光の強度が大変小さく，他の細胞構成要素と結合することによる非特異性の発光も現れないことを示している。また，ECHOプローブの蛍光強度は，ハイブリダイゼーション可能なRNAの量に応じてプローブの蛍光が可逆的にスイッチすることが確認されている。さらに，ECHOプローブについて，生細胞内RNAの観察におけるRNAの質的・量的多様性に対応するために，

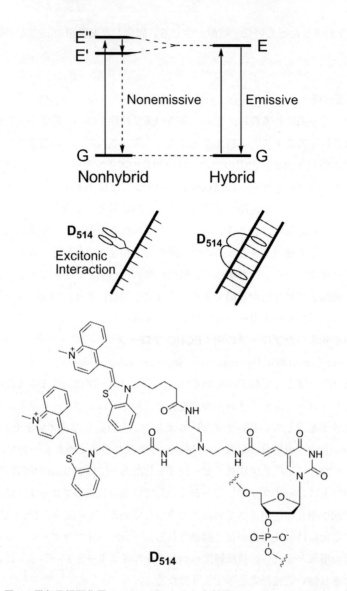

図5 励起子相互作用のメカニズムとそれを利用したヌクレオチド（D_{514}）

以下のように種々応用が試みられている。
① マルチカラーイメージング[14]
　ヌクレオチドに結合する2分子の色素をチアゾールオレンジからその類縁体色素へ変えることによって，さまざまな蛍光色（青色〜近赤外領域）の ECHO プローブが開発されている。ハイブリダイゼーションに依存した色素間励起子相互作用のスイッチングによって，細胞内 RNA 観察の多色化と同時観察が可能である。

第2章　核酸を蛍光標識する：核酸結合性蛍光色素・蛍光標識核酸プローブの基礎

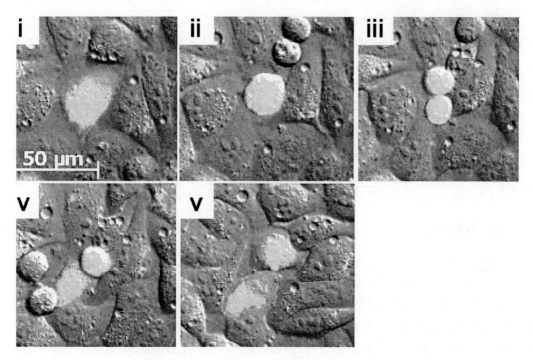

図6　細胞分裂する細胞の中で観察されるRNAの振る舞い

② 長時間観察[15]

　2'-O-メチルRNA骨格を有するECHOプローブは，細胞内のRNAの長時間観察に有効である。核酸分解酵素に対する耐性があり，48時間くらいまでの長時間生細胞モニタリングが可能である。細胞分裂する細胞の中のRNAの様子も観察することができる（図6）。

③ 高次構造や一塩基多型を含むRNAの観察[16]

　ECHOプローブの一部にLNA（Locked Nucleic Acids）ヌクレオチドを混ぜると，高次構造や一塩基多型を含む標的RNAを検出することができる。RNAに対するLNAの高い熱的安定性や配列特異的結合性が，ECHOプローブのRNA認識能を大きく高めている。

④ ECHOプローブ配列の設計における留意点[17,18]

　原理上このプローブは自己相補的な配列を含むと自ら二本鎖を形成してしまい蛍光を生じる。この場合，バックグラウンド蛍光が目立ってくるので，慎重な配列設計が求められる。また，プローブを構成するグアニンとシトシンを，グアニンとシトシンの誘導体であるイノシンとN^4-エチルシトシンへ置き換えることで，自家蛍光の問題を解決できることがある。イノシンはシトシンと，エチルシトシンはグアニンとそれぞれ水素結合を形成して相補的であるが，イノシンとエチルシトシンの結合力は弱く相補塩基対の形成には不十分であるという特性を活かし，プローブの自己二重鎖形成を起こりにくくさせてバックグラウンドノイズを抑制することができる。この方法を用いて，β-アクチンmRNAの細胞内局在化が蛍光観察されている。

⑤ RNA タグの併用による高感度観察[19]

　高次構造を含む RNA や発現量の少ない RNA を解析する方法として RNA タグを用いる方法が開発されている。標的 RNA の 3′ 非翻訳領域に ECHO プローブが繰り返し結合できる配列をタグとして繰り返し導入しておくと，多数の ECHO プローブがその領域に結合する。それにより極めて明瞭に目的の RNA の局在化を観察することができる。この方法は，mRNA からタンパク質への翻訳を阻害しない。RNA の構造やタグどうしで干渉しないタグの組み合わせとそれに合わせた異なる波長の ECHO プローブを選べば，複数の RNA を同時かつ明瞭に多色で観察できる。

6　おわりに

　核酸を検出するために，上記のような核酸結合性蛍光色素もしくは蛍光標識核酸プローブが必ず用いられる。タンパク質の解析では蛍光性タンパク質を融合したタンパク質を細胞内で発現させればよいのだが，いわゆる「核酸結合性蛍光色素」もしくは「蛍光性核酸」を細胞内で自在に作り出すことは現在のところできていない。適切な核酸結合性蛍光色素もしくは蛍光標識核酸プローブの選択と同時に，結合（ハイブリダイゼーション）の方法や外部から細胞内へ導入する方法など，試薬を用いた核酸の検出には考慮するべき点は多い。そして核酸のどこに標識をするかということも大変重要なことである。標識の場所によっては，核酸機能や高次構造を変えてしまうかもしれない。周辺配列によって蛍光発光に影響が出る場合もあるだろう。核酸を標識する場合には，核酸分子側の要請にも細心の注意を払わなければならない。いずれの核酸検出法を用いるにしても，核酸をありのままに観察できるように，核酸機能への影響を最小限に抑えつつ最大の情報を得る努力を行うことが重要である。

文　　献

1) 三輪佳宏, 実験がうまくいく蛍光・発光試薬の選び方と使い方, 羊土社（2007）
2) 関根光雄, 新しい DNA チップの科学と応用, 講談社サイエンティフィク（2007）
3) T. Ozawa et al., *Nat. Methods*, **4**, 413（2007）
4) J. R. Babendure et al., *J. Am. Chem. Soc.*, **125**, 14716（2003）
5) S. Sando et al., *Chem. Commun.*, 3858（2008）
6) K. Valegard et al., *J. Mol. Biol.*, **270**, 724（1997）
7) 後藤俊夫ほか, 有機化学実験のてびき 4, 化学同人（1990）
8) S. Tyagi et al., *Nat. Biotechnol.*, **16**, 49（1998）
9) T. Wang et al., *Anal. Biochem.*, **269**, 198（1999）

第 2 章　核酸を蛍光標識する：核酸結合性蛍光色素・蛍光標識核酸プローブの基礎

10)　S. Sando *et al.*, *J. Am. Chem. Soc.*, **124**, 2096 (2002)
11)　M. Kasha, *Radiat. Res.*, **20**, 55 (1963)
12)　S. Ikeda *et al.*, *Chem. Asian J.*, **3**, 958 (2008)
13)　T. Kubota *et al.*, *Bull. Chem. Soc. Jpn.*, **82**, 110 (2009)
14)　S. Ikeda *et al.*, *Angew. Chem., Int. Ed.*, **48**, 6480 (2009)
15)　T. Kubota *et al.*, *Bioconjugate Chem.*, **20**, 1256 (2009)
16)　K. Sugizaki *et al.*, *Bioconjugate Chem.*, **21**, 2276 (2010)
17)　S. Ikeda *et al.*, *Bioconjugate Chem.*, **19**, 1719 (2008)
18)　S. Ikeda *et al.*, *Org. Biomol. Chem.*, **8**, 546 (2010)
19)　T. Kubota *et al.*, *PLoS ONE*, **5**, e13003 (2010)

第3章　プローブタンパク質

小澤岳昌*

1　はじめに

　蛍光タンパク質や生物発光タンパク質（ルシフェラーゼ）は，基礎生命科学研究や医学・農学研究において欠かせないツールとなっている。この蛍光・発光タンパク質を用いる技術は，タンパク質の局在や動態，イオンの濃度変動，小分子の産生や分解，タンパク質間相互作用など，これまで細胞をすりつぶして解析していた生命現象が，細胞を生かしたまま時空間解析できる大きな利点を有している。また，タンパク質プローブの大きな特徴は，遺伝子にコードされている点にある。遺伝子は化学合成に較べ扱いが容易であり，基本的な技術を習得すれば遺伝子の配列を誰でも自在に操ることができる。すなわち，生命科学研究に携わる研究者の多くが扱える技術であり，この数年の間に飛躍的な進歩を遂げてきた。また緑色蛍光タンパク質（GFP）の発見とその色変異体の開発は，細胞内のミクロ空間を解析するためのプローブ開発の引き金となった。一方，ルシフェラーゼなどの発光を利用したイメージング法は，細胞から組織・生物個体を対象としたイメージングで盛んに利用されている。蛍光イメージングに較べ発光のダイナミックレンジが広く，半定量的な解析ができる利点を有している。

　本章では，タンパク質を用いたプローブの利点と利用に関する注意点，そしてプローブの応答原理について，幾つかの具体的な応用例を交えながら概説する。

2　タンパク質プローブを用いる利点と注意点

　タンパク質プローブは一般に，分子認識ドメインと光情報変換ドメインから構成される。分子認識ドメインは，目的の生体分子を特異的に結合するために利用する。一方，光情報変換ドメインは，GFPやルシフェラーゼなどが利用される（図1）。分子認識ドメインが生体分子を特異的に認識すると，構造変化や電子状態に変化を生じる。この変化を光情報変換ドメインで検出し，光強度あるいは波長等の変化として検出する仕組みとなっている。

　以下，タンパク質プローブを用いる具体的な利点を幾つか紹介する。

①　遺伝子にコードされたプローブ

　生体分子を標識するプローブには，ケミカルプローブや核酸プローブ，ペプチドプローブなど様々あるが，タンパク質プローブの最も重要な特徴は「遺伝子にコードされている」ことで

　＊　Takeaki Ozawa　東京大学　大学院理学系研究科　化学専攻　教授

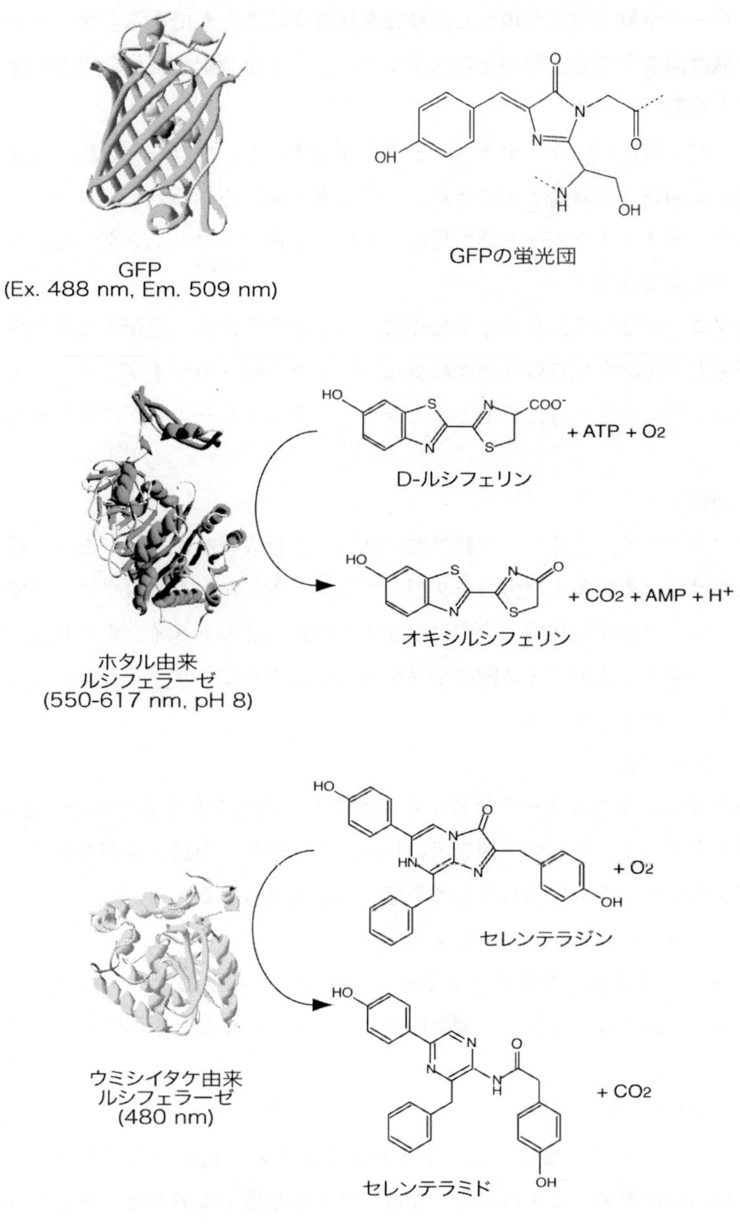

第3章 プローブタンパク質

図1 蛍光タンパク質 GFP とルシフェラーゼの構造および発光メカニズム

ある。遺伝子は取り扱いが容易であり，かつ化学合成に較べればはるかに短期間に目的とする遺伝子を作製することができる。

② プローブの細胞内発現法

プローブは遺伝子にコードされているため，遺伝子を生細胞に導入すれば，プローブされたタンパク質を細胞内で発現させることができる。また，遺伝子を動物や植物などのゲノムに組

蛍光イメージング／MRI プローブの開発

み込めば，プローブが恒常的に発現する動植物を作製することができる。ケミカルプローブでは届かない組織深部などでも，適切な遺伝子プロモーターを選択すれば発現が可能である。

③　プローブの細胞内局在化

プローブタンパク質に短いシグナルペプチドを連結すると，プローブを細胞のオルガネラや特定の膜上などに局在させることができる。この技術と後に述べる分子プローブとを組み合わせることにより，オルガネラ内など細胞局所における生体分子センシングが可能になる。

④　プローブの開発及び改良

タンパク質プローブは基本的に遺伝子操作により作製するため，遺伝子操作を熟知していれば時間および労力が化学合成に較べ遙かに少ない。また遺伝子のライブラリーを上手くプローブ分子開発の戦略に組み込めば，目的とするプローブをスクリーニングにより取捨選択することができる。

⑤　分子認識の特異性

化学合成プローブでは，生体分子を特異的に認識する合成戦略が必要であり，結合能および選択性を向上させるために多大な労力を必要とする。一方，タンパク質プローブでは，生体分子を認識するタンパク質が生体内にすでに存在するため，そのドメインを切り出して用いればよい。さらに，ドメイン内のアミノ酸に変異を導入することにより，リガンドとの結合能や選択性を改善することが可能である。

⑥　蛍光・発光色の選択

蛍光タンパク質やルシフェラーゼは様々なスペクトル特性を有するものが開発されている。光情報変換を担うドメインとして，観察者の目的にあわせ様々な選択肢が存在する。

一方，タンパク質であるが故にあらかじめ考慮すべき欠点もある。

①　タンパク質のフォールディングに関する問題

タンパク質プローブは様々なドメインを融合して作られる。融合タンパク質が期待通りにフォールディングされる保証はなく，細胞内でミスフォールドした不溶性分子が形成されることがある。

②　タンパク質プローブのサイズ

タンパク質プローブの分子量は一般に 20K 以上存在する。化学合成で用いられるプローブ分子に較べれば遙かにそのサイズは大きくなる。分子の動態や拡散などを考察する実験では，つねにプローブ分子のサイズを考慮しなくてはならない。

③　プローブのデザイン

プローブは一般的に，タンパク質の機能ドメインを切断したり融合したりして作製する。個々のドメインの立体構造が X 線結晶構造解析や核磁気共鳴装置（NMR）により解明されていても，その融合タンパク質の立体構造を予測することは現在の技術をもってしても容易ではない。したがって，プローブ開発では，ドメイン間を連結するリンカーアミノ酸の長さを微調節したり，ドメインの連結順序を変えたりするなど，経験に依存する要素が大きい。一方，化

学合成プローブは分子模型を使って組み立てることができ，さらに分子軌道計算により HOMO や LUMO のエネルギーを求めることができる．

④ タンパク質の修飾や分解

細胞内でプローブを発現させた時，必ずしも期待通りの分子サイズにならないことがある．例えばプロテアーゼにより分解されやすいアミノ酸配列が含まれていれば，プローブは速やかに分解されてしまう．また小胞体やゴルジ体にプローブを局在させると，システイン側鎖が修飾を受け，期待通りの機能が発揮されないことがある．

このような利点や考慮すべき点を十分に熟知した上で，タンパク質プローブを用いたイメージング研究を遂行することが肝要である．

3　プローブの基本原理と応用

タンパク質プローブの代表である蛍光タンパク質については，第5章に詳細に記されている．ここでは蛍光タンパク質やルシフェラーゼを用いた生体分子および細胞内シグナルの検出原理に焦点をしぼり紹介する．

3.1　蛍光共鳴エネルギー移動（FRET）法

GFP の発見以来，様々な蛍光特性を有する蛍光タンパク質が開発されている．この蛍光タンパク質2分子を巧みに利用した方法の一つに FRET 法がある．ここでは CFP と YFP を用いたリン酸化検出プローブ（FOCUS）について紹介する．FOCUS は，キナーゼによりリン酸化されるペプチドとそれに結合するタンパク質（SH2 ドメイン）の融合タンパク質，その N 末と C 末に連結した CFP と YFP からなる（図2）[1]．ペプチドがリン酸化されていない状態では，CFP と YFP が離れており FRET は起こらない．細胞内でキナーゼ活性が上昇すると，ペプチドがリン酸化され分子内構造変化が起こる．その結果，CFP と YFP が近接し FRET が起こる．そこで，CFP と YFP それぞれの蛍光強度を測定し，その蛍光強度比（CFP/YFP）を求めることにより，キナーゼ活性を知ることができる．FRET 効率は CFP-YFP 間の距離 r の6乗に反比例する．これは距離に関して非常に高感度な測定が可能であることを示している．また CFP と YFP の分子配向性により FRET 効率は変化する．この FRET 特性を生かし，細胞内 Ca^{2+} プローブやステロイドホルモンや脂質セカンドメッセンジャーなど，様々な応用・展開研究が進んでいる．また CFP と YFP の蛍光強度を同時に測定することにより，そのレシオ比から半定量測定が原理的に可能である．しかしこれまで報告されている FRET プローブの多くは，FRET 効率が極めて低く，定量的な議論ができるほどのダイナミックレンジを有していない．この問題の解決指針を与える技術に，循環置換法がある．詳細は割愛するが蛍光タンパク質2分子の配向性やリンカー長を精査し，極めて高い FRET 効率を実現させている[2,3]．

また，励起光によりプローブの蛍光が序序に褪色するため，蛍光強度の減衰は避けることがで

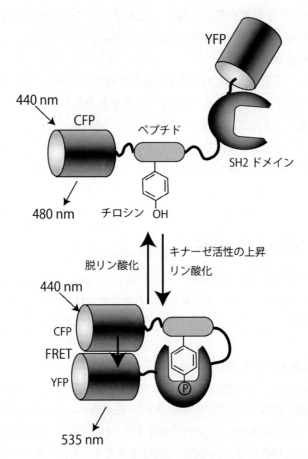

図2 FRETプローブの原理
キナーゼ活性が上昇すると,キナーゼの標的ペプチド(チロシン)がリン酸化される。隣接するSH2ドメインが,リン酸化チロシンを認識し,構造変化を起こす。その結果,CFPとYFP間でFRETが起こる。

きない。さらにCFPとYFPの蛍光強度は蛍光分子の周囲の環境の変化(pH,温度など)に影響を受ける。従って長時間測定では安定したレシオ値を得ることが難しい。そこでFRET効率の指標を,蛍光強度ではなく蛍光寿命で測定する方法(FLIM-FRET)も盛んに行われるようになった[4]。プローブと蛍光イメージング技術の双方の改良により,より確度の高い生体分子イメージングが可能となっている。

3.2 生物発光共鳴エネルギー移動(BRET)法

蛍光分子間の共鳴エネルギー移動と同様に,発光分子と蛍光分子間でも共鳴エネルギー移動を起こさせることが可能である。発光分子の一つルシフェラーゼは酵素であり,発光にはその基質が必要となる。最も代表的なホタル由来のルシフェラーゼは,D-luciferinを基質とし,ATPと

第3章 プローブタンパク質

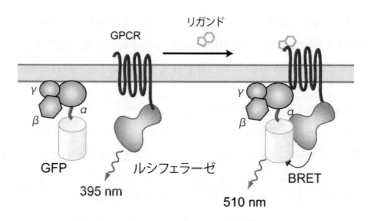

図3 BRETプローブの原理
リガンドがGPCRに結合すると，Gタンパク質（α，β，γ）がリセプターに結合する。この時，ルシフェラーゼからGFPにエネルギートランスファーが起こり，発光波長が変化する。

O_2を利用してoxyluciferinを形成する。このoxyluciferinから極大波長585 nmのオレンジ色の光が放出される。ホタル以外にもコメツキムシ由来や鉄道虫由来のルシフェラーゼは，D-luciferinを基質とする。種の違いにより，極大波長が535 nm付近から600 nm以上の発光を示す。また，単位時間あたりの発光量も生物種により大きな差異がある。一方，ウミシイタケ由来のルシフェラーゼやコペポーダ由来のルシフェラーゼは，セレンテラジンを基質とする。発光波長は480 nm前後であり，D-luciferinの発光波長に較べて短いのが特徴である。

発光共鳴エネルギー移動（BRET：Bioluminescence Resonance Energy Transfer）は，発光タンパク質により産生される光エネルギーの一部が隣接する蛍光タンパク質に移動，そしてエネルギーの低い蛍光を放出する現象である。BRETの最も代表的な応用は，Gタンパク質共役型リセプター（GPCR）の多量体形成や，GPCRによるGタンパク質の制御の観察である（図3)[5]。GPCRは7回膜貫通型の膜タンパク質である。細胞外刺激に応答してGPCR間で多量体を形成したり，あるいはGタンパク質やβ-arrestinなどと相互作用する。この多量体形成やタンパク質間の相互作用を，BRETを利用して検出する方法が広く利用されている。定量的な評価には効率のよいBRETが起こることが必須の条件となる。このためには，相互作用するタンパク質と発光タンパク質とを連結するリンカーの長さや向きなど，様々な検討が必要である。Gタンパク質を介するシグナル伝達は，創薬の分野において重要な標的となっている。そのため，BRETを利用したハイスループットなアッセイ系の開発や，定量評価法の確立，また生きた細胞や動物個体内でのGタンパク質活性を可視化するイメージング技術開発が現在精力的に進められている。

3.3 蛍光タンパク質再構成法

タンパク質再構成法とは，特定のアミノ酸残基で二分して発光能を失わせたレポーターとなるタンパク質を，近接あるいは再連結し，発光能を回復させる方法である[6]。例えば，GFPを特定

の位置で二分するとGFPの蛍光は失われる(図4)。しかし分割した2つのフラグメントを近接させるとGFPの蛍光が回復する。またGFP以外にも短波長の蛍光を示すタンパク質ではCFP，長波長側ではRFPやmCherry等の切断位置が決定されており，実験目的に応じて波長選択が可能である。

3.3.1 タンパク質間相互作用と翻訳後修飾

最も代表的なタンパク質再構成法の応用例は，タンパク質間相互作用のイメージングである。相互作用するタンパク質に二分割したGFPのフラグメントを連結すると，タンパク質間相互作用が起きた時に，GFPの蛍光が回復する(図4A)。GFPの局在を指標として相互作用が起きている細胞内の位置を特定することができる[7]。またユビキチン化やメチル化など，タンパク質の翻訳後修飾がどのタンパク質によりどこで行われているか，再構成技術を利用すると明らかにすることが可能である。例えばFangらは，JUNとユビキチン各々にEYFPのフラグメントを連結し細胞内に発現させると，JUNのユビキチン化にともないEYFPが再構成することを初めて示した[8]。さらにこの蛍光はリソソームの局在と一致することから，ユビキチン化後のJUNの局在を明らかにしている。同様の原理はSUMO化にも応用が可能であり，翻訳後修飾したタンパク質の細胞内局在，及びそのアミノ酸の特定に有力な手法となることが示されている。

3.3.2 RNAの可視化

試験管内のRNAの解析が進む一方，RNAの局在や動態に関する知見は極めて少なく，RNAの細胞内局在は大きな興味の対象となっている。筆者らはタンパク質再構成法を利用したRNA検出プローブを開発した[9]。RNA検出プローブは，二分割したGFPのフラグメントそれぞれに，2分子のRNA結合タンパク質を連結した構造からなる(図4B)。RNA結合タンパク質には，human Pumilio 1 (PUM1) を利用する。PUM1の優れた特性は，PUM1の認識配列5'-UGUAUAUA-3'が，例えば5'-UGGAUAUA-3'のように，1塩基入れ替わっても，PUM1のアミノ酸を数残基置換するだけで，この配列を選択的に認識することができる点にある。このRNAプローブを利用して，ミトコンドリア内のmRNAやサイトゾルに局在するβ-actin mRNAの局在と動態を可視化することに成功している[10]。また，最近植物細胞内のウィルスRNAを同様の技術を利用してライブイメージングに成功した例が報告されており[11]，今後のさらなる応用展開が期待される。

3.3.3 タンパク質の折りたたみ(フォールディング)

タンパク質化学の分野では，フォールディング研究が盛んであるがその多くは試験管内実験である。Waldo等は細胞内におけるタンパク質のフォールディングを検証するために，GFPの特定のアミノ酸に変異を導入しsuperfolder GFP (sfGFP) を作製した[12]。sfGFPの大きな特徴は，βカン構造が非常に安定している点にある。さらにsfGFPを219/220番目で切断した2つのフラグメントは，自発的に相互作用し再構成する特性を有する。そこで，sfGFPの短いC末側フラグメント(sf11)に分析対象とするタンパク質(X)を連結し，細胞内に発現させる(図4C)。残りのN末側フラグメント(sf1-10)は，細胞内にそのまま発現させる。もし，タンパク質(X)

第3章　プローブタンパク質

(A) タンパク質X-Y相互作用

(B) RNAの局在

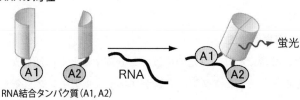

(C) タンパク質の折りたたみ

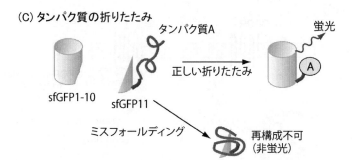

(D) タンパク質輸送

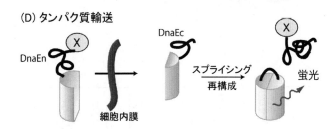

(E) 情報伝達小分子

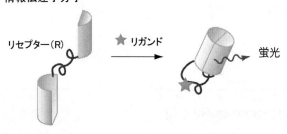

図4　蛍光タンパク質再構成法を利用した様々な検出原理

が正しく折りたたまれれば，sf11 はその細胞表面に突出するため，sf1-10 と再構成し，sfGFP が形成される．しかし，タンパク質（X）が正しく折りたたまれない場合，sf11 がタンパク質内に埋もれてしまい，再構成反応が起きない．このように GFP の蛍光強度を指標として，タンパク質のフォールディングに関する情報を得ることができる．

上記以外にも，タンパク質のオルガネラ間の輸送を EGFP の再構成を利用して検出する技術（図 4D）や，分子内の再構成反応を利用して細胞内小分子を検出する方法（図 4E）が開発されている．

3.4 ルシフェラーゼ再構成法

ルシフェラーゼは酵素であり，特定の位置で二分割するとその活性が失われる．しかし，2つのフラグメントを近接させると，タンパク質がリフォールディングし発光活性を回復する．ホタ

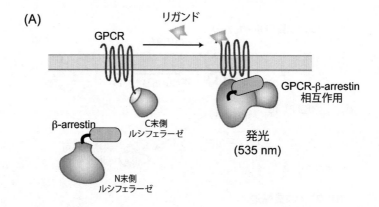

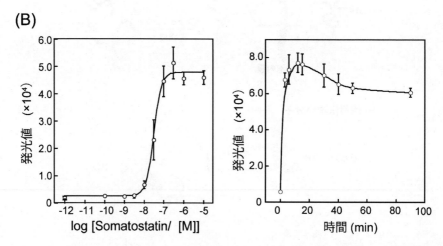

図5 コメツキムシ由来ルシフェラーゼ再構成法を利用した GPCR-β-arrestin 相互作用の検出原理（A）と濃度依存性および時間依存的な発光強度変化（B）

第3章　プローブタンパク質

ル由来のルシフェラーゼで再構成法が最初に確立されて以来[13]，ウミシイタケ由来[14,15]，コメツキムシ由来[16]，コペポーダ由来[17]のルシフェラーゼ再構成法が報告されている。その応用例の多くはタンパク質間相互作用の検出である。最近筆者らは，コメツキムシ由来のルシフェラーゼ（λ_{max}=535 nm）の再構成技術を確立し，Gタンパク質共役受容体（GPCRs）とβ-arrestinとの相互作用を指標とした，高感度かつハイスループットスクリーニングアッセイ系を開発した[18]。分割したルシフェラーゼ各々に，GPCRとβ-arrestinを連結した融合タンパク質を作製する（図5A）。この二種類の融合タンパク質を培養細胞に発現させリガンドを添加すると，細胞内でGPCR-β-arrestin相互作用が起こりルシフェラーゼが発光能を回復する。GPCRの一つであるsomatostatin receptorを用いた場合，96穴プレート上でsomatostatin濃度依存的に30倍以上の大きな発光シグナルの上昇を観測することができる（図5B）。また時間依存性を調べると，somatostatin刺激後10～15分までは急激に発光シグナルが上昇し極大応答を示すことが解かった。この応答は，細胞刺激からわずか10分でアッセイできることを示しており，薬物の高感度ハイスループットスクリーニング系に極めて有力である。さらに発光強度が極めて強いことから，単一細胞レベルでGPCR-β-arrestin相互作用をリアルタイム観察できる。これまでにβ2-adrenergic receptor，aperin receptor，cholecystokinin B receptorなど10種類以上のプローブを連結したGPCRスクリーニング用細胞が確立されており，今後医薬品開発の分析ツールとして期待されている。またGPCRとβ-arrestin間相互作用に限らず，細胞内外のタンパク質間相互作用に広く応用展開が期待できる。

3.5　環状ルシフェラーゼプローブ

　ペプチド切断酵素であるプロテアーゼは，細胞内におけるシグナル伝達や細胞表層における機能発現調節因子としてはたらく。ここではアポトーシスの重要なチェックポイントとして機能するCaspase-3プロテアーゼ活性を，環状ルシフェラーゼを利用して可視化する方法について紹介する[19,20]。

　ペプチド切断酵素Caspase-3は，標的タンパク質に含まれるAsp-Glu-Val-Aspの4アミノ酸を特異的に認識し切断する。この4アミノ酸を，ルシフェラーゼのN末端とC末端の間に挿入し，環状化したルシフェラーゼを形成する（図6A）。環状ルシフェラーゼは，立体構造に歪みが生じるため，その活性が低下あるいは完全に失われる。この不活性なルシフェラーゼを標的細胞に発現させ，細胞内に蓄積させておく。細胞内でCaspase-3が活性化すると，環状ルシフェラーゼ中のAsp-Glu-Val-Asp配列が切断され，ルシフェラーゼは元の立体構造に戻る。すなわちルシフェラーゼの発光能が回復する。また，Caspase-3の阻害剤であるZ-VAD-FMKを投与すると，発光シグナルの上昇は抑制されることから，阻害剤評価に応用可能であることがわかる（図6B）。また環状ルシフェラーゼをマウス個体に発現させると，生きたマウス個体内におけるアポトーシスの時間変化を検出することも可能である。Caspase-3の認識配列Asp-Glu-Val-Aspを，他のプロテアーゼ認識配列に変えれば，標的とするプロテアーゼ活性を評価できる一

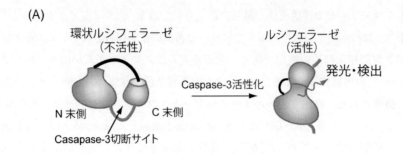

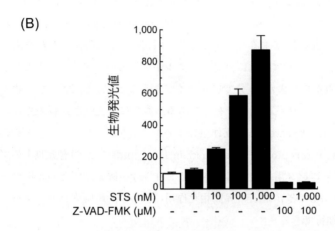

図6 環状 luciferase を用いた Caspase-3 検出法
(A) Caspase-3 活性検出の原理。Caspase-3 切断サイト：-Asp-Glu-Val-Asp- (B) 培養細胞を用いた Caspase-3 活性の評価。培養細胞にプローブを発現させ，アポトーシス誘導試薬 staurosporine (STS)，Caspase-3 阻害剤 Z-VAD-FMK で刺激した時の発光値を検出した。

般性を有する。

3.6 タンパク質の翻訳後修飾・分解を利用するプローブ

　蛍光タンパク質に翻訳後修飾を受けるタンパク質を連結すると，細胞内シグナルを検出することが可能となる。たとえば，通常はタンパク質分解系に運ばれる不安定なタンパク質が，抗生物質と結合すると分解に対して耐性を有するプローブが開発されている[21]。またタンパク質の細胞周期依存的なユビキチン化を巧みに利用して，細胞周期を異なる蛍光色で可視化するプローブが開発された。ここでは，Fucci (Fluorescent Ubiqutination-based Cell Cycle Indicator) と呼ばれる細胞周期検出プローブの原理を紹介する[22]。

　細胞内には細胞周期特異的に発現・分解を受けるタンパク質が存在する。例えば，Cdt1 (Cdc10 dependent transcript 1) は，G1 期に複製開始点に局在し，一度複製された DNA が再複製されないように制御するタンパク質である。G1 期に発現量が多くなるが，S 期に入るとユビキチン-プロテアソーム系により分解される。一方，Geminin は，M 期から G1 期にかけてユ

第3章 プローブタンパク質

ビキチン-プロテアソーム系により分解されるタンパク質である。このGemininとCdt1という2つのタンパク質に，それぞれ緑色（monomeric Azami-Green1：mAG1）とオレンジ色（monomeric Kusabira-Orange2：mKO2）の蛍光タンパク質を融合すると，細胞周期に依存して蛍光タンパク質がユビキチン化により分解を受ける。すなわち，これら2種類の融合タンパク質を同一細胞に発現すると，S/G2/M期に緑色、G1期にオレンジ色の蛍光が核で観察することができる。Fucciは，細胞周期を可視化するツールとして，個体の発生やがん化などの細胞周期と深く関連する生命現象の理解に極めて有効なプローブである。

4 まとめ

本稿で取り上げたプローブタンパク質以外にも，新たな検出原理に基づいた細胞内シグナル検出法が創案されており，今後もさらなる発展を続けるであろう。タンパク質プローブを用いた研究の大きな特色は，細胞内や生物個体内における生体分子やシグナルを時空間解析できる点にある。今後の大きな課題の一つは定量性があげられる。単一細胞レベルで解析すると，mRNAなどはその絶対量が極めて少ない。このような微量な分子を如何に検出するかが大きな課題となる。また，光学的分解能を超えた超解像イメージングが盛んに利用されるようになったが，まだ細胞内形態観察の域を超えていない。今後は空間内におけるシグナルや分子観察が重要なターゲットになるであろう。さらに，生物個体内ではたらく生体分子イメージングも未だ容易ではない。不透明な組織や自家蛍光の強い組織から，いかにシグナルを検出するか，プローブ開発とともにイメージング装置の開発も重要となる。

文　献

1) M. Sato, T. Ozawa, K. Inukai, T. Asano, Y. Umezawa, *Nat Biotechnol*, **20**, 287 (2002)
2) K. Horikawa *et al.*, *Nat Methods*, **7**, 729 (2010)
3) T. Nagai, S. Yamada, T. Tominaga, M. Ichikawa, A. Miyawaki, *Proc Natl Acad Sci USA*, **101**, 10554 (2004)
4) J. B. Klarenbeek, J. Goedhart, M. A. Hink, T. W. Gadella, K. Jalink, *PLoS One*, **6**, e19170 (2011)
5) C. Gales *et al.*, *Nat Methods*, **2**, 177 (2005)
6) T. Ozawa, *Anal Chim Acta*, **556**, 58 (2006)
7) C. D. Hu, T. K. Kerppola, *Nat Biotechnol*, **21**, 539 (2003)
8) D. Fang, T. K. Kerppola, *Proc Natl Acad Sci USA*, **101**, 14782 (2004)
9) T. Ozawa, Y. Natori, M. Sato, Y. Umezawa, *Nat Methods*, **4**, 413 (2007)

10) T. Yamada, H. Yoshimura, A. Inaguma, T. Ozawa, *Anal Chem*, **83**, 5708 (2011)
11) J. Tilsner *et al.*, *Plant J*, **57**, 758 (2009)
12) S. Cabantous, G. S. Waldo, *Nat Methods*, **3**, 845 (2006)
13) T. Ozawa, A. Kaihara, M. Sato, K. Tachihara, Y. Umezawa, *Anal Chem*, **73**, 2516 (2001)
14) A. Kaihara, Y. Kawai, M. Sato, T. Ozawa, Y. Umezawa, *Anal Chem*, **75**, 4176 (2003)
15) R. Paulmurugan, S. S. Gambhir, *Anal Chem*, **75**, 1584 (2003)
16) N. Hida *et al.*, *PLoS One*, **4**, e5868 (2009)
17) I. Remy, S. W. Michnick, *Nat Methods*, **3**, 977 (2006)
18) N. Misawa *et al.*, *Anal Chem*, **82**, 2552 (2010)
19) S. Haga *et al.*, *Lab Invest*, **90**, 1718 (2010)
20) A. Kanno, Y. Yamanaka, H. Hirano, Y. Umezawa, T. Ozawa, *Angew Chem Int Ed*, **46**, 7595 (2007)
21) Y. Miwa, J. Tanaka, N. Yoshida, *Tanpakushitsu Kakusan Koso*, **52**, 1563 (2007)
22) A. Sakaue-Sawano *et al.*, *Cell*, **132**, 487 (2008)

第4章　新規標識反応を基盤とする糖鎖プローブの開発とインビボイメージング

深瀬浩一[*1]，田中克典[*2]

1　はじめに

　細胞表層には糖タンパク質，糖脂質，グリコサミノグリカンなど多様な糖鎖が存在し，免疫，感染，炎症，癌，老化など生体の防御や恒常性維持に関わる様々な生命現象において極めて重要な働きをしている[1]。また細胞表層や細胞外に分泌されるタンパク質のほとんどに糖鎖が結合しており，糖鎖が血中でのタンパク質の寿命などの機能調節に働いている。例えば赤血球の産生を促進するホルモンであるエリスロポエチンでは，糖鎖部が in vivo での活性発現に必須である[2]。糖タンパク質糖鎖には，セリン／スレオニンに結合する O-グリカンとアスパラギンに結合する N-グリカンがあり，それぞれ特徴的な多様性がある。1種類のタンパク質においても，糖鎖構造にはグリコフォームと呼ばれる多様性があり，タンパク質に個性をもたらしている。がん細胞の細胞表層や分泌タンパク質の糖鎖は正常細胞由来のものから変化しており，O-グリカンは単純化，N-グリカンは複雑化する傾向にある。この特徴は，肝臓がんマーカーの AFP-L3 などの腫瘍マーカーとして，あるいはシアリル Tn 抗原のように抗がんワクチンのターゲットとして利用される。しかし，タンパク質や細胞上の糖鎖構造の違い（グリコフォーム）が生体内での動的挙動に与える影響はよく分かっていない。

　糖鎖イメージングは，糖鎖の生体内ダイナミクスを明らかにできるだけでなく，糖鎖ダイナミクスに関連する生体内反応を解析することにより新たな糖鎖機能の解明につながるものと考えられる。また炎症部位や癌のイメージング，糖タンパク質医薬や抗体医薬の安定性の評価や特定臓器，癌へのターゲティングといった応用にも道を拓くものである。

　糖のイメージングとしては，グルコース2位の水酸基が短寿命放射性核種である ^{18}F で置換された ^{18}F-FDG を用いた Positron Emission Tomography（PET）イメージングが，癌診断を目的として医療現場で実施されている。しかしその他の糖鎖については，現在までにインビボイメージングの報告例はほとんどない。合成や天然から入手できる単分子の糖鎖を生体内でイメージングしても，多くの場合は血中内で分解されるか速やかに体外排出され，その糖鎖が持つ本来の生物学的機能に迫ることは難しい。

　そこで表面に負電荷を有し，親水性物質であるトリスヒドロキシメチルアミノメタン（Tris

[*1]　Koichi Fukase　大阪大学　大学院理学研究科　化学専攻　教授
[*2]　Katsunori Tanaka　大阪大学　大学院理学研究科　化学専攻　助教

を導入することで，血中内滞留性を向上させたリポソームに対して，表層に糖鎖としてシアリルルイスX（sLeX）を結合させ，蛍光色素としてCy5.5（Ex：680nm, Em：700nm）が内包された蛍光標識糖鎖リポソームが調製された。この糖鎖結合リポソームを用いることで，モデルマウスのインビボ蛍光イメージングにおいて，炎症や癌のターゲティングに成功している[3]。

我々は，生体高分子に対する放射線や蛍光基の革新的標識分子ツールを開発し，これを利用して糖タンパク質や糖鎖デンドリマーなどを糖鎖プローブとして用いて，動物の生体レベルのPETイメージングならびに蛍光イメージングを実施してきた[4～11]。本章では，その結果明らかになった糖鎖ダイナミクスや細胞表層に糖鎖修飾を施した生細胞による癌ターゲティングを含め，糖鎖イメージングについて紹介する。

2　リジン残基標識プローブの開発に基づく糖タンパク質のPETイメージング

従来，ペプチドやタンパク質（抗体）のDOTA標識には，スクシニミジルエステル試薬がよく用いられてきた（図1(1)）[4,5]。しかし，その反応性があまり良くないため，標識するサンプルの反応濃度を高濃度に保たなければならず（10^{-3}～10^{-4}M程度のタンパク質濃度，10^{-1}Mの試薬濃度），さらに長い反応時間（室温で24時間程度）が必要とされる。標識効率も大抵の場合は良くない（20-30％程度）。このため，多くの例では，4～20mg程度の大量の生体高分子サンプ

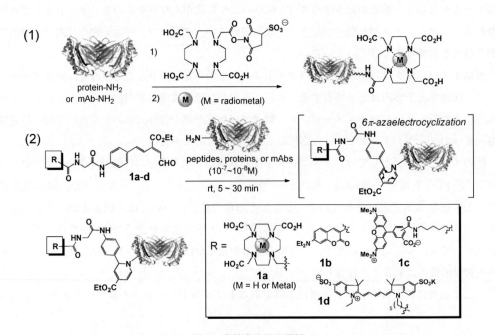

図1　生体高分子の標識
(1)スクシニミジルエステル法　(2)高速6π-アザ電子環状反応による新規標識法

第4章 新規標識反応を基盤とする糖鎖プローブの開発とインビボイメージング

ルが用いられている。さらに高濃度反応条件下では，無差別に多くのアミノ基が標識されることに起因して，標識サンプルの活性が著しく低下することが大きな問題であった。

我々は，スクシニミジルエステルに代わる革新的なペプチド・タンパク質の標識プローブとして，独自の高速アザ電子環状反応[12~15]を用いる新規分子ツールを開発した（図1(2)）[6,7]。10^{-7}~10^{-8}M濃度の不飽和エステルアルデヒドプローブ**1a**をペプチドやタンパク質などのリジン残基と作用させると，緩衝溶液中（pH＝6~9），30分以内の短い反応時間で，定量的に標識体を与える。本反応は，アミノ基周辺の立体障害に著しく影響を受けるため，リジン残基のε-アミノ基がN-末端アミノ基に優先して速やかに標識化を受ける。さらにこの試薬を用いるとタンパク質表面の反応性の高いリジン残基のみが優先して標識を受けるため，多くの場合，生体高分

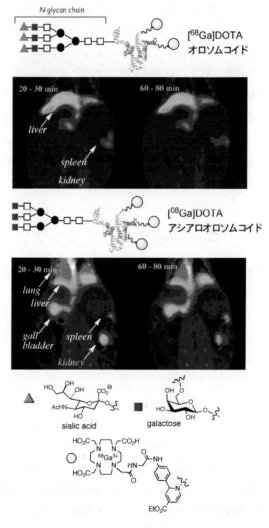

図2　ウサギにおける［^{68}Ga］DOTA標識糖タンパク質のPETイメージング

子サンプルの活性を低下させることがない。リジンアミノ基との標識付加体がリジン残基と同様に正電荷を保持することも，標識サンプルの生物活性を損なわない理由であると考えられる。例えば，10^{-7}M 程度の GFP 抗体や抗 EGFR 抗体に対して，プローブ 1a を室温で 10～30 分間作用させると，抗原認識能にほとんど影響を与えず Fc 部位の 1～2 個のリジン残基を効率的に標識することができる[6,7]。同様に，蛍光色素を持つプローブ 1b-d を用いると蛍光標識も可能である。

次に本プローブを用いて，糖鎖非還元末端のシアル酸がタンパク質の血中内滞留性に及ぼす影響を PET によって可視化することを試みた（図2）[4~7]。オロソムコイドとアシアロオロソムコイドを各数十マイクログラムのみを用いて DOTA プローブ 1a で標識した。次いで，^{68}Ga を短寿命放射線金属として DOTA に導入した後，両糖タンパク質トレーサーをウサギに尾静脈注射して，PET 画像を得た（図2）。糖鎖構造にシアル酸を有するオロソムコイドに比較して，シアル酸のないアシアロオロソムコイドでは，30 分後に腎臓に集積が観測され，80 分後までに徐々に消失した。また時間経過につれて肝臓から胆嚢への集積が増加しており，胆嚢—腸管経路を経た体外排出ルートが示唆された。以上の結果は，アシアロオロソムコイドが素早く体外排出されることを示しており，これは糖鎖構造における非還元末端に存在するシアル酸が，タンパク質の血中内安定性に寄与することを意味する。またシアル酸のないアシアロオロソムコイドは，脾臓および肺へも集積した。シアル酸含有糖鎖の導入により，糖タンパク質の生体内での半減期が長くなることは古くから報告されてきたが，筆者らの知る限り，図2の結果はこれを PET イメージングにより可視化した初めての例である。

3　糖鎖デンドリマープローブの作成とイメージング

糖タンパク質の体内動態は，タンパク質と糖鎖の両部分の構造に依存する。そこで糖鎖部の寄与を評価するためには糖鎖部のみのプローブが必要になる。そこで，腎臓からの排出が抑制されるように，球状高分子である糖鎖デンドリマーを合成した。我々は以前にヒスチジン残基を活性化基とする"自己活性化型 [3+2]-Huisgen 環化反応"を開発しており，この反応を用いることで分子量が5万以上もある世界最大の N-結合型糖鎖クラスターの効率的な合成に成功した（図3）[8]。

さらに得られた糖鎖デンドリマーを用いて，マウスの PET イメージングに供した（図4）[8]。分子のサイズは重要であり，複合型バイアンテナリー糖鎖（末端にシアリル (2-6) ガラクトース構造を有する）を4つ含むテトラマーや8つ含むオクタマーでは2時間後にはほとんど膀胱に排出された。ヘキサデカマーにおいては，滞留性が向上し，2時間後に肝臓への集積と血中への滞留が観測された。時間経過につれて膀胱への排出が増加するが，4時間後も同様の集積が認められた。またこの場合は，肝臓から胆嚢への排出過程も観測された。

一方，末端のシアル酸を欠いたアシアロヘキサデカマーにおいては2時間後に肝臓にわずかに

第4章　新規標識反応を基盤とする糖鎖プローブの開発とインビボイメージング

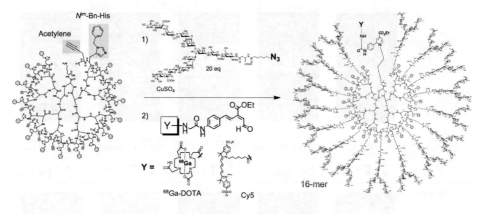

図3　糖鎖デンドリマーの合成

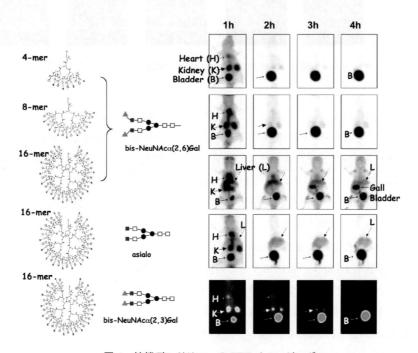

図4　糖鎖デンドリマーのPETイメージング

集積した他は，ほとんどが膀胱に排出された。このように，ここでもシアル酸が糖鎖の生体内での安定性を増すことが観測された。なお肝臓にはアシアロ糖タンパク質受容体が発現しているので，おそらくデンドリマー末端のガラクトース残基が認識されて肝臓に集積したものと思われる。

　興味深いことに，同じシアル酸含有糖鎖でも末端にシアリル（2-3）ガラクトース構造を有するデンドリマーは速やかに膀胱に排出された。シアリル（2-3）ガラクトース構造は血液中に存

蛍光イメージング／MRI プローブの開発

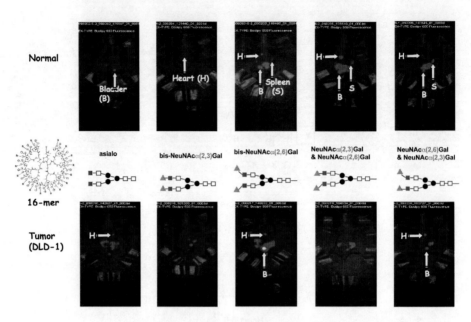

図5　糖鎖デンドリマーの蛍光イメージング

在するタンパク質には含まれていないので，動物の血液循環システムは末端シアル酸の結合位置を認識していることになる。この結果は今回のイメージング研究で初めて見出された。

さらに糖鎖デンドリマーを正常マウスと担癌マウスの蛍光イメージングに供した（図5）[8]。正常マウスでは，PET イメージングと同様の結果が得られた。シアリル（2-6）ガラクトースとシアリル（2-3）ガラクトース構造を両方有する複合型バイアンテナリー糖鎖は，シアリル（2-6）ガラクトースを有する糖鎖と同様の安定性を示した。なおここではシアリル（2-6）ガラクトース含有糖鎖について脾臓への集積も観測された。

一方ヒト結腸腺癌 DLD-1 の担癌マウスでの蛍光イメージングについては，いずれの糖鎖デンドリマーにおいても癌への集積は観測されなかったが，正常マウスでは速やかに排出されたアシアロ型のデンドリマーの滞留性が向上した（図5）。またいずれの糖鎖においても脾臓への集積が観測されなかった。このように，癌モデルマウスでは糖鎖の代謝が正常マウスとは全く異なることを見出した。

4　細胞表層の標識と糖鎖エンジニアリングならびに細胞動態の可視化

筆者らの分子ツールを用いると，丸ごとの細胞を標識化することも可能である（図6）[10]。例えば，Glioma C6 細胞に対して，10^{-8} M という極低濃度の Cy5 蛍光プローブ（**1d**）リン酸緩衝溶液を 37℃ で 10 分間作用させるだけで，細胞表層のみ選択的に標識することができる。細胞表層のリジン残基やホスファチジルエタノールアミン等の一級アミンが過剰に存在する部分のみで

第4章　新規標識反応を基盤とする糖鎖プローブの開発とインビボイメージング

選択的に反応が進行するため，標識試薬は細胞内に浸透せず，その結果細胞機能を阻害することはない。一方，同様に高速アザ電子環状反応を用いることにより，細胞表層に対してビオチンや複合型 N-結合型糖タンパク質糖鎖を簡便に導入することも可能となった（化学的な細胞表層エンジニアリング）（図6）[10, 11]。

野生型マウスから抽出したリンパ球に対して，近赤外線領域付近の吸収を持つCy5蛍光基で標識し（プローブ1d，図6），ヌードマウスに対するインビボ蛍光イメージングを実施した（図7）。

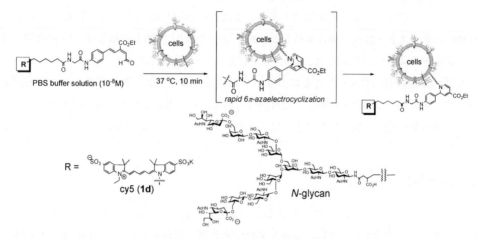

図6　アザ電子環状反応による細胞表層の標識と糖鎖エンジニアリング

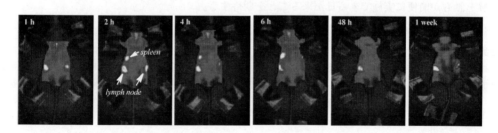

図7　リンパ球ホーミングの蛍光イメージング

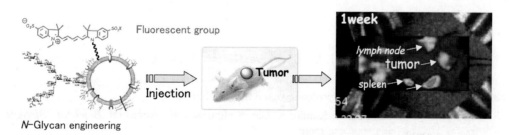

図8　リンパ球の糖鎖エンジニアリングと癌ターゲティング

その結果，これまでに報告されている細胞のホーミングイメージング結果と比較して，格段に高いコントラストで二次リンパ器官である脾臓や腸管膜リンパ節に集積することを可視化することに成功した（図7）[10]。

　一方，DLD-1 を移植した癌モデルマウスに対して，蛍光標識リンパ球のイメージングを行ったところ，二次リンパ器官へのホーミングは認められたものの，癌組織への移行は認められなかった[9]。しかし，リンパ球に対してプローブ **1d** で蛍光標識化すると同時にシアリル（2-6）ガラクトース型バイアンテナリーN-結合型糖鎖を導入したところ，この人工細胞が二次リンパ器官へのホーミングに加えて，癌組織にも集積することが判明した（図8）[11]。上述のように N-結合型糖鎖のクラスターは癌組織に集積しない結果を得ており[8]，図8の結果は，N-結合型糖鎖とリンパ球表層の両者の機能が細胞表層上で協調的に働いた可能性がある。あるいは N-結合型糖鎖を多量に細胞表層に導入したことにより，リンパ球表層のシアル酸結合タンパク質 Siglec に作用して，リンパ球の活性化が起こった可能性もある。いずれにしても，癌組織をターゲットする新しい細胞を有機合成反応のみによって人工的に創り上げたことを意味する。

5　おわりに

　以上，我々のアミノ基標識プローブの設計・開発を基盤とした糖鎖イメージングを概説した。これらのアミノ基標識プローブは，㈱キシダ化学と共同で標識キット STELLA$^+$ として開発し，市販化した[16]。将来，本分子ツールが大いに活用され，様々な生体高分子の簡便なイメージング実験を誰もが簡便に実施できる日が来ることを期待する。

謝辞
　本研究は理研分子イメージング科学研究センター／渡辺恭良教授，および㈱キシダ化学／小山幸一氏との共同研究によって得られた成果です。また本研究で使用した糖鎖は大塚化学㈱から御供与いただいたものです。この場をお借りして感謝申し上げます。

文　　献

1) A. Varki, R. Cummings, J. Esko, H. Freeze, G. Hart, J. Marth, *Essentials of Glycobiology*, CSHL press (1999)
2) M. Takeuchi, A. Kobata, *Glycobiology*, **1**, 337-346 (1991)
3) M. Hirai, H. Minematsu, N. Kondo, K. Oie, K. Igarashi, N. Yamazaki, *Biochem. Biophys. Res. Commun.*, **353**, 553-558 (2007)

第4章　新規標識反応を基盤とする糖鎖プローブの開発とインビボイメージング

4) K. Tanaka, K. Fukase, *Org. Biomol. Chem.*, **6**, 815-828 (2008)
5) K. Tanaka, K. Fukase, *Mini-Rev. Org. Chem.*, **5**, 153-162 (2008)
6) K. Tanaka, T. Masuyama, K. Hasegawa, T. Tahara, H. Mizuma, Y. Wada, Y. Watanabe, K. Fukase, *Angew. Chem. Int. Ed.*, **47**, 102-105 (2008)
7) K. Tanaka, T. Masuyama, K. Minami, Y. Fujii, K. Hasegawa, T. Tahara, H. Mizuma, Y. Wada, Y. Watanabe, K. Fukase, *Peptide Science*, 91-94 (2007)
8) K. Tanaka, E. R. O. Siwu, K. Minami, K. Hasegawa, S. Nozaki, Y. Kanayama, K. Koyama, C. W. Chen, J. C. Paulson, Y. Watanabe, K. Fukase, *Angew. Chem. Int. Ed.*, **49**, 8195-8200 (2010)
9) K. Tanaka, Y. Fujii, K. Fukase, *ChemBioChem*, **9**, 2392-2397 (2008)
10) K. Tanaka, K. Minami, T. Tahara, Y. Fujii, E. R. O. Siwu, S. Nozaki, H. Onoe, S. Yokoi, K. Koyama, Y. Watanabe, K. Fukase, *ChemMedChem*, **5**, 841-845 (2010)
11) K. Tanaka, K. Minami, T. Tahara, E. R. O. Siwu, K. Koyama, S. Nozaki, H. Onoe, Y. Watanabe, K. Fukase, *J. Carbohydr. Chem.*, **29**, 118-132 (2010)
12) K. Tanaka, M. Kamatani, H. Mori, S. Fujii, K. Ikeda, M. Hisada, Y. Itagaki, S. Katsumura, *Tetrahedron*, **55**, 1657-1686 (1999)
13) K. Tanaka, H. Mori, M. Yamamoto, S. Katsumura, *J. Org. Chem.*, **66**, 3099-3110 (2001)
14) K. Tanaka, S. Katsumura, *J. Am. Chem. Soc.*, **124**, 9660-9661 (2002)
15) K. Tanaka, T. Kobayashi, H. Mori, S. Katsumura, *J. Org. Chem.*, **69**, 5906-5925 (2004)
16) Labeling kit "STELLA$^+$" is available from Kishida Chemical Co., Ltd., http://www.kishida.co.jp/.

【第2編 標識体の開発】

第5章 機能イメージングにおける指示薬感度の重要性
―蛍光タンパク質間 FRET を用いた Ca^{2+} 指示薬開発からの考察―

永井健治[*1], 堀川一樹[*2]

1 はじめに

　蛍光タンパク質を利用したバイオイメージング技術は生命科学研究に"革命"をもたらしたと言っても過言ではない。今や誰もが簡単に細胞，オルガネラ，ひいてはタンパク質1分子を蛍光ラベルし，その動態を経時観察することができるようになった。可視化の対象は細胞内コンパートメントの形や空間分布など，"構造"に焦点がおかれる場合が多いが，工夫次第で細胞内のイオン濃度やシグナル伝達の活性化状態など生体分子や細胞の"機能"を捉えることもできる。近年，このような蛍光タンパク質技術の発展にさらに拍車をかけるように超解像などの蛍光顕微鏡技術が著しい進歩をとげ，イメージング分野は衰えるどころかまだまだ成長の真っ直中にある。このような技術の進歩に呼応して，従来法では捉えることが難しい現象の計測を行う研究が増えてきた。例えば，動植物個体の形態形成過程や脳の情報処理などを生きた個体丸ごとで計測し，多細胞ネットワークが高次機能を発揮する原理を解明しようとする研究などが該当する。このような研究ではネットワーク全体（多くの場合，数千個以上の細胞集団）の活動パターンを，機能単位である細胞レベルの空間分解能で計測する必要があり，必然的に大規模な in vivo ライブイメージングを行わなければならない。また，人為的な刺激に対する応答はもちろんのこと，自発的な刺激によって誘発される応答を捉えることも極めて重要になる。人為的な刺激と異なり，自発的な刺激によって生じる応答は極めて小さい場合が多く，その計測は困難を極める。しかしながら，このような小さな生理的応答こそがマクロな個体レベルでの高次機能を制御している可能性があるため，その計測の可否は生命科学研究の発展に大きく関わってくる。では，蛍光タンパク質技術を工夫して，自発的な刺激によって生じる応答を如何にして捉えればよいのか？本稿では，細胞活動の普遍的なマーカーである Ca^{2+} の細胞内動態を，高感度かつ大規模に計測できる改良型蛍光 Ca^{2+} 指示薬をとりあげ，大規模多細胞ネットワークの動作機構を解明しようとする研究の一例を紹介しながら，観たい現象を観えるようにするために，使用する指示薬の感度が如何に重要かを議論し，現在のイメージングを利用した研究に潜む問題点に言及する。

---

*1　Takeharu Nagai　北海道大学　電子科学研究所　教授；㈱科学技術振興機構　さきがけ
*2　Kazuki Horikawa　国立遺伝学研究所　准教授

第5章　機能イメージングにおける指示薬感度の重要性

2　蛍光 Ca^{2+} 指示薬

Ca^{2+} イメージングの歴史は蛍光指示薬開発の歴史でもある。現在最もよく利用される蛍光指示薬には二種類のデザインがあり，一つは化学合成された小分子蛍光指示薬[1]（Fura-2 や Fluo3，Oregon Green BAPTA など），もう一つは蛍光タンパク質やその波長変異体を利用した遺伝子にコードされたもの[2]（cameleon や pericam，GCaMP など）である。いずれも Ca^{2+} の結合依存的におこる蛍光強度や蛍光波長の変化を指標にすることで Ca^{2+} の濃度変化の検出を可能にする。

小分子蛍光指示薬は Ca^{2+} キレーターである BAPTA やその類似体に蛍光団が付与された有機化合物である。Tsien による 1982 年の Quin-2 の開発[3]を端に，Ca^{2+} 親和性ならびに明るさや励起／蛍光波長などの性質が異なる 10 種類以上のバリエーションが開発されてきた[1]。またアセトキシメチル基で化学修飾されたものはふりかけるだけで生きた細胞に導入できることから，*in vivo* での使用例も多い。ただし，細胞にとって異物である小分子性蛍光指示薬は，細胞内から排出されてしまうため，短い場合は数十分，長くても数時間程度のイメージングしかできない。また植物細胞や一部の真核生物のように指示薬がうまく取り込まれないといった制限もある。一方で遺伝子にコードされた蛍光 Ca^{2+} 指示薬[2]はこれらの技術的問題を回避できることから補完的に利用されている。一度遺伝子導入してしまえば，細胞内で安定的に供給され続けるので長時間のイメージングが可能となる。さらにオルガネラ局在化シグナル配列を利用すれば，任意の細胞内コンパートメントでの Ca^{2+} イメージングが可能となり，組織特異的プロモーターを利用すれば，任意の神経ネットワークの活動パターンを選択的に計測することも可能となる。

yellow cameleon（YC）は蛍光タンパク質を利用した初めての機能性指示薬として Miyawaki らによって 1997 年に発表された（こちらも Tsien のグループによる）[4]。これは Ca^{2+} センサードメインであるカルモジュリン-M13（以下 CaM-M13）の融合ペプチドの両端に FRET ドナーならびにアクセプターである CFP（シアン色蛍光タンパク質）と YFP（黄色蛍光タンパク質）が付加された構造をとる。Ca^{2+} 依存的な CaM-M13 の立体構造変化が CFP から YFP への FRET 効率を変化させることから，Ca^{2+} の濃度変化を YFP/CFP の蛍光強度比の変化として検出できる。初期型 YC は特に YFP の特性に付随する様々な欠点を有していたが，それらの欠点は例えば pH に対する低感受性 YFP の開発[5]や，高効率に発光構造を取る YFP 変異体 Venus の開発[6]により改善されてきた。また，蛍光タンパク質の円順列変異体の利用によるドナーとアクセプターの相対角度の最適化により FRET シグナルの変化量が大幅に拡大された YC 2.60 や YC 3.60 が開発され[7]，その性能は飛躍的に向上し，*in vivo* での Ca^{2+} イメージングの成功例も数多く報告されるようになった[8]。もともと筆者らは多細胞集団がどのような分子基盤を利用して複雑な空間パターンを形成するのかに興味を持っており，この生物学的課題にアプローチするために細胞性粘菌に YC 2.60 を発現させてその自発的なネットワーク活動を計測することを試みた。しかしながらどうがんばってもシグナル変化が検出できない。できたとしても計測ノイズに埋もれたごくごく微少なシグナル変化しか検出できないという現実に直面した。これは実に困った状況で

ある。何らかの人為的刺激（我々は"無理矢理刺激"と呼んでいる）を与えればその応答は論文通りに計測できるのだが，自発的なネットワーク活動が計測できないのである。他の多くの研究者も同様の問題で悩んでいるはずで，なんとかして問題を解決すべく決意を固めた．

3　In vivo Ca^{2+}イメージングの現実とCa^{2+}親和性の最適化

計測したいのは無理矢理刺激に対する応答ではなく，真の意味での生理的条件，つまり多細胞ネットワークの自発的活動に伴う細胞内Ca^{2+}応答である．両者の差は，刺激の強度やパターンだけであり，それぞれに対する細胞内Ca^{2+}濃度の変動レンジが異なっている可能性が考えられた．Ca^{2+}に対する解離定数（K_d）が数百 nM 程度の既存のCa^{2+}指示薬を用いれば，確かにCa^{2+}濃度が 50 nM から 1 μM にまで変動する無理矢理刺激による応答は十分に大きなシグナル変化として検出できるが，これが自発活動の場合は 50 nM から 100 nM への微少な変化だと仮定すれば検出できなくて当たり前である（図1）．したがって自発活動を検出するには指示薬を高感度化（Ca^{2+}に対する親和性を増加）すれば問題は解決するはずだと考えた．

YC のCa^{2+}親和性は CaM 内部のCa^{2+}認識部位にアミノ酸置換を導入することで改変されてきたが[4]，いずれもCa^{2+}親和性は低くなるものばかりで親和性を増すような変異を見いだすことはできなかった．そこで戦略を変えて CaM と M13 ペプチドの融合のさせ方を改変してみた．従来の YC では CaM と M13 の間が 2 アミノ酸（Gly-Gly）からなるリンカー配列で連結されていた．遊離 CaM と M13 は cameleon 内の CaM-M13 よりも高い親和性で相互作用することが知られており[9]，2 アミノ酸で融合された CaM-M13 は立体構造的に窮屈な形をとっており，Ca^{2+}に対する親和性が低くなっている可能性があった．そこで CaM-M13 の間のリンカー長を 2 アミノ酸から 3 アミノ酸に伸ばしたところCa^{2+}親和性は $K_d = 95$ nM（YC 2.60）から 50 nM に向上した．リンカー長を段階的に伸ばすと，リンカー長 4 アミノ酸で $K_d = 30$ nM，リンカー長 5 ア

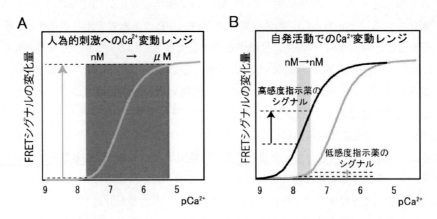

図1　大きなCa^{2+}濃度変動（左：nM → μM）(A)，ならびに小さなCa^{2+}濃度変動（右：nM → nM）(B)に対する低親和性プローブ（灰線）と高親和性プローブ（黒線）のシグナル変化量

第5章 機能イメージングにおける指示薬感度の重要性

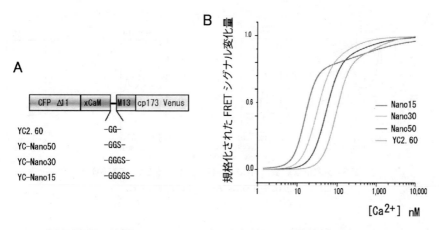

図2 YC-Nano シリーズの模式図 (A) と Ca^{2+} 滴定曲線 (B)

ミノ酸で，親和性が約6倍（K_d = 15 nM）向上することが明らかになった（図2）。筆者らは世界最高の Ca^{2+} 親和性を有するこれらの改良型 YC をナノモーラーレベルの Ca^{2+} 濃度を測定できることにちなんで YC-Nano と命名した[10]。

4 *In vivo* 性能評価

真に生理的な条件において細胞内 Ca^{2+} ダイナミクスの計測が可能であるかを確かめるため，細胞性粘菌を用いた検証実験を行った。細胞性粘菌は走化性物質である cAMP を周期的に分泌し，自己組織的な集合流形成を行う。また，cAMP に応答し細胞内 Ca^{2+} が上昇することも知られていたので，人為的に投与される外因性 cAMP 刺激と，自発的に合成・放出される内因性 cAMP 刺激への Ca^{2+} 応答の比較を行うことが可能であった。結果は一目瞭然であり，つまり人為的刺激に対しては既存の YC 2.60（K_d = 95 nM）と新たに開発した YC-Nano15（K_d = 15 nM）の両方が大きな FRET シグナルの変化を与えた一方で，自発的な細胞間 cAMP リレーに伴う Ca^{2+} 変動はより高感度な YC-Nano15 でしか検出することができなかった（図3）[10]。これらの結果から，真に生理的な条件下での細胞間シグナル伝達時には刺激の強度も，それに伴う細胞内 Ca^{2+} の変化もきわめて微弱であり，これを検出するには指示薬の感度特性をそれぞれの測定試料にあわせて最適化することが重要であると明らかになった。

我々の目的は多細胞ネットワークの自発活動パターンを，大規模に計測することである。自発活動の検出が可能であることが確かめられたので，大規模な空間スケールでのイメージングが可能であるか検討した。図4に示したのは，約10万個の細胞を対象に行った Ca^{2+} イメージングの結果である。ここでは周期長が $400\,\mu m$，周期が6分の螺旋波状に伝搬する Ca^{2+} ウェーブを4時間以上にわたって大きな S/N 比で検出できていることがわかる（図4）[10]。これは我々の開発した YC-Nano の Ca^{2+} 親和性が高いだけでなく，シグナル変化量が1,500％ときわめて大きいとい

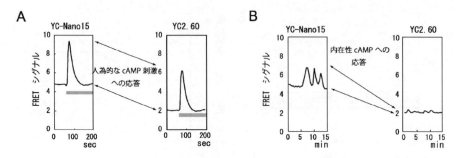

図3 人為的な刺激（1μM cAMP）に対するCa²⁺応答（A）と，
自発的に放出されるcAMPへのCa²⁺応答（B）

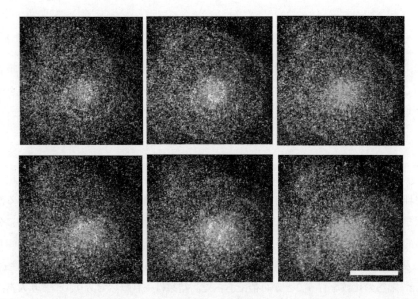

図4 YC-Nano15で可視化された10万個の細胞集団中に生じる螺旋波状のシグナル伝播
10分ごと合計1時間にわたる変化の様子。淡い灰色：細胞，濃い灰色：細胞内Ca²⁺の
高い領域。
スケールバー：1 mm

うもう一つの特長の賜である。

　YC-Nanoは様々な生物種で利用可能であることもわかった。微弱なCa²⁺変動の代表例として，マウス大脳皮質神経における単一活動電位発生時のCa²⁺変動の計測を試みたところ，従来のYCに比べYC-Nanoは3-5倍のS/N比で検出することが可能であった[10]。また，生きたゼブラフィッシュ胚の中で神経，筋，表皮の各細胞において静止状態のCa²⁺濃度が異なることを見いだすことができた（図5）[10]。従来のCa²⁺指示薬を用いる限り解析できるのは刺激に対する応答のみであり，静止状態つまり刺激がない状態でのCa²⁺濃度の微妙な違いを見分けることはで

第5章 機能イメージングにおける指示薬感度の重要性

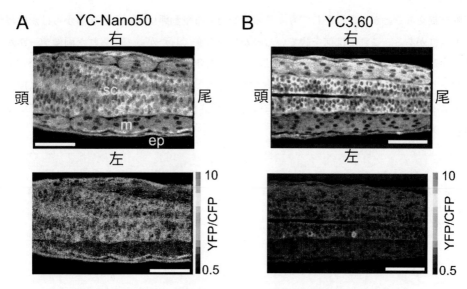

図5 ゼブラフィッシュ幼魚の腰部における各組織の静止期での Ca^{2+} 濃度
sc：脊髄，m：筋肉，ep：表皮。YC 3.60 では組織間の Ca^{2+} 濃度の違いは見られないが，YC-Nano50 では組織間での Ca^{2+} 濃度の違い（表皮＞脊髄＞筋）をはっきりと捉えることができる。
スケールバー：$5\mu m$

きなかった。これらの結果は，観察対象に応じて指示薬感度の最適化を行うことがいかに重要であるかを示している。従来の指示薬で変化が観察されなかったとして見過ごされてきた現象が，指示薬の感度を変えることで見いだされる可能性がある。

5 おわりに

今回我々は超高感度型蛍光 Ca^{2+} 指示薬をシリーズとして開発することができた。真に生理的な条件下での Ca^{2+} イメージングを試みているがシグナルの小ささにお困りの方，ぜひ我々が開発した YC-Nano シリーズをお試しいただきたい。今回は高感度型の Ca^{2+} 指示薬を開発したが，この逆の低感度型を開発すると，これまた何か新たな発見があるかもしれない。というのも，細胞外の Ca^{2+} 濃度は mM レベルであり，一般的にはその濃度は変動しないとされているが，mM オーダーの Ca^{2+} 濃度を高いコントラストで可視化可能な指示薬はまだ開発されていないため本当のところは何も分かっていないからである。したがって，K_d が mM オーダーの Ca^{2+} 指示薬を開発する意義は大いにあるであろう。高感度，低感度と極端な話をしてきたが，要は測定したい Ca^{2+} の濃度に合った指示薬を用いて観察をするのがベストであるということである。このようなことは，Ca^{2+} 以外の指示薬に関しても成立する。酵素の活性化を可視化するには内在の酵素の K_{cat} と，また補因子の結合解離を可視化するのであれば，それらの K_d が内在の生体分子の K_d と同程度でないと真の生理現象が観えない。このことを考慮していない指示薬で仮に何らか

の変動を捉えることができたとしても，その時空間分布や動態は真の生理現象からはかけ離れている可能性がある．これでは何を観ているのか分からず，したがって得られた画像データから何も考察することができないばかりか，時には誤った解釈に陥る場合もあり得る．現在のバイオイメージングはこのような観点を考慮に入れて解析している例は残念ながら少なく，"無理矢理刺激"によってなんらかの変化を捉え，そこに意義を見いだすことができれば良しとしている場合が多い．大いに警笛を鳴らしたい．

謝辞

マウス神経細胞での電気生理的実験ならびにCa^{2+}イメージングは理化学研究所の御子柴研究室，宮脇研究室との共同で行いました．

文　　献

1) Paredes, R. M., Etzler, J. C., Watts, L. T., Zheng, W. & Lechleiter, J. D., *Methods*, **46**, 143-151 (2008)
2) Kotlikoff, M. I., *J. Physiol.*, **578**, 55-67 (2007)
3) Tsien, R. Y. Pozzan, T. & Rink, T. J., *J Cell Biol.*, **94**, 325-334 (1982)
4) Miyawaki, A. *et al.*, *Nature*, **388**, 882-887 (1997)
5) Miyawaki, A., Griesbeck, O., Heim, R. & Tsien, R. Y., *Proc. Natl. Acad. Sci. USA.*, **96**, 2135-2140 (1999)
6) Nagai, T. *et al.*, *Nat. Biotechnol.*, **20**, 87-90 (2002)
7) Nagai, T. *et al.*, *Proc. Natl. Acad. Sci. USA.*, **101**, 10554-10559 (2004)
8) Lütcke, H. *et al.*, *Frontiers in Neural Circuit,* **4**, 1-12 (2010)
9) Porumb, T., Yau, P., Harvey, T. S. & Ikura, M., *Protein Eng.*, **7**, 109-115 (1994)
10) Horikawa. K. *et al.*, *Nat. Methods.*, **7**, 729-732 (2010)

第6章　量子ドットおよび無機蛍光体

馬場嘉信*

1　はじめに

　無機蛍光体としては，希土類錯体，半導体材料に基づく量子ドットなどが知られている。希土類錯体を用いた蛍光体については，すでに，多くの成書[1]があるので，ここでは，半導体材料に基づく量子ドットを中心に解説する。

　半導体材料や金属材料などの無機材料は，結晶サイズがナノメートル領域となると，その大きさや形状により物性を制御ができることが明らかにされており[2~6]，同じ元素，同じ材料でもそのサイズ・形状の違いに基づく図1に示すような多次元"周期表"が提案されている。

　半導体材料の量子ドットは，適切な材料を選択しそのサイズを変化させることにより，紫外線～近赤外線にいたる広範囲な波長の蛍光体を開発できるために，最近，多くの分野で応用されて

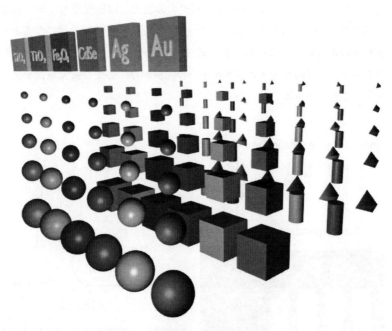

図1　ナノ材料の多次元"周期表"

---

*　Yoshinobu Baba　名古屋大学　工学研究科　教授，革新ナノバイオデバイス研究センター　センター長

いる。本章では，量子ドットの基礎，合成，ラベル化から，バイオアッセイ，細胞イメージング，*in vivo* イメージングなどへの応用について解説する。

2　量子ドットの原理

半導体材料を用いた量子ドットは，量子効果の一つである量子閉じ込め効果により，同一材料でそのサイズが小さくなるとエネルギー準位が高くなるために，量子ドットから得られる蛍光の波長が短くなる（図2）。例えば，図2に示すCdSeでは，量子ドットのサイズが2 nm程度であると青色の蛍光を発するが，5～6 nmとなると赤色の蛍光を発する。

量子ドットのエネルギー準位は，式(1)で表される。

$$E = E_g + \pi^2 (a_B/a)^2 R_y^* - 1.786(a_B/a) R_y^* - 0.248 R_y^* \tag{1}$$

ここで，E_gは半導体量子ドット材料のバンドギャップエネルギー，aは量子ドットの結晶半径，a_Bは励起子のボーア半径，R_yはリュードベリ定数である。

図3に示すように，GaAs，CdSe，CdS，ZnSeなどの半導体材料のE_gの値は，可視光から近赤外線のエネルギーと同程度である。たとえば，CdSeでは，結晶半径が10 nm程度であると式(1)により計算されるエネルギーは，670 nm程度の赤色光と同程度であるが，結晶半径が励起子のボーア半径より小さくなるとエネルギーが上昇し，2 nm程度の半径になると540 nm程度の青色光と同程度のエネルギーになることが式(1)から計算される。このような原理に基づいて，半導体量子ドット材料のサイズとエネルギーの関係から，必要な蛍光波長を発する蛍光材料を設計・合成することができる。

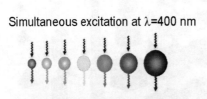

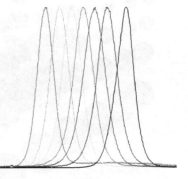

図2　量子ドットの蛍光色（左）と蛍光スペクトル（右）

第6章　量子ドットおよび無機蛍光体

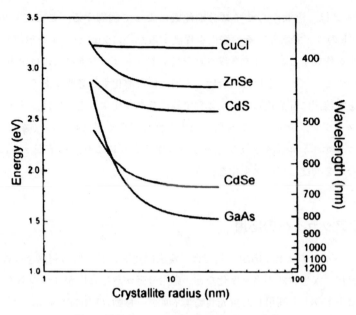

図3　量子ドットのサイズとエネルギー準位

3　量子ドットの合成法およびラベル化

量子ドットを合成する方法はいくつか知られているが，CdSe量子ドットの代表的な合成法は，まず，ジメチルカドミウムあるいは酸化カドミウムとTrioctylphosphine（TOP）に溶解したSeをTrioctylphosphine oxide（TOPO）に混合して熱分解反応（〜300℃）によって合成する。量

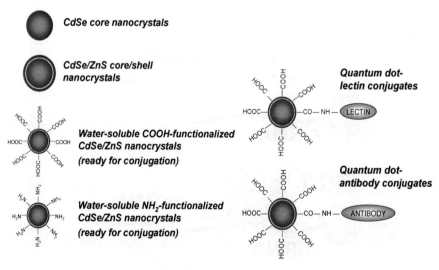

図4　量子ドットのラベル化

子ドットのサイズは，溶液からサイズ分別沈殿によって制御する．ここで合成されるのは，CdSe量子ドットのコアであり，その表面を保護するためにZnSシェルを形成し，コア-シェル型の量子ドットを作成する．ここで合成された量子ドットは，有機溶媒には溶解するが，水溶液には溶解しないので，バイオ応用の場合は，水溶液に可溶化する必要がある．

量子ドットを水溶液に可溶化して，生体分子等にラベル化するためには，チオシラン，メルカプト酢酸，ヒスチジン，システインを用いた表面修飾が良く用いられる（図4）．最終的には，量子ドットにカルボキシル基やアミノ基をラベルすることにより，量子ドットに，DNA，タンパク質，抗体などを共役してラベル化を行う．

4　バイオアッセイへの応用

量子ドットのバイオアッセイ応用としては，疾患関連タンパク質の超高感度検出，DNAメチル化の1分子検出，疾患診断の高感度化など，応用分野が急速に広がりつつある．

図5には，量子ドットを利用した蛍光共鳴エネルギー移動（FRET）に基づく，siRNA（small interfering RNA）の活性計測の例を示す．siRNAは，20〜30塩基程度のRNA分子で，ターゲットのmRNAの部分配列を有する．このsiRNAは，ある遺伝子から生成したmRNAと相補的に相互作用することで，遺伝子の機能を低下させることにより，細胞中の遺伝子機能解析や疾患ターゲットタンパク質の発現低下に基づく治療薬の開発などの研究が進んでいる．しかし，標的であるmRNAは2000〜3000塩基程度と大きく，また，複雑な高次構造を形成するために，最適な配列を持ったsiRNAを設計するための明確な指針はなく，現在のところ，合成したsiRNAのうち，10%以下しか効果がないと言われている．

この課題を解決するために，合成したsiRNAと量子ドットでラベル化した分子を合成し，が

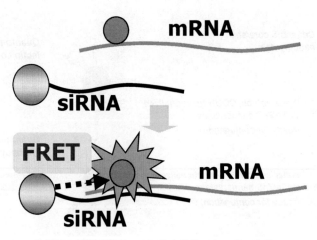

図5　量子ドットによる蛍光共鳴エネルギー移動

ん細胞から抽出した mRNA に Cy5 のような蛍光試薬をラベルする。mRNA と siRNA が，図5 に示すような相互作用を起こすと，量子ドットと Cy5 の間隔が極めて近くなり，FRET が起こることが予想される。

　ここで用いた量子ドットは，その蛍光スペクトルが Cy5 の吸収スペクトルとオーバーラップするものを選んだ。このようなオーバーラップがある場合には，量子ドットと Cy5 の距離 r が近づくと FRET 現象が起こり，その効率は式(2)で表される。

$$E_{FRET} = R_0^6/(R_0^6 + r^6) \tag{2}$$

ここで，R_0 は Forster 距離と呼ばれ，ここで用いた量子ドットの場合は，5 nm 程度である。式(2)から明らかなように，量子ドットと Cy5 の距離が 5 nm 以下程度になると FRET の効率は高くなり，距離が離れるとその6乗に反比例して急激に効率が低下する。

　種々の配列の siRNA を合成し，FRET のシグナルを計測した。別途，siRNA による遺伝子発現低下の効率を調べたところ，FRET シグナル強度と siRNA の効率の間に直線関係が成り立つことが明らかとなった。量子ドットにより，従来測定が困難であった，siRNA の効率が簡便に計測できるようになった。

5　細胞アッセイ・*in vivo* イメージングへの応用

　量子ドットは，細胞アッセイや *in vivo* イメージングにも広く利用されている。図6には，がん細胞を特異的に検出するための量子ドット技術を示す。がん細胞表面には，通常の細胞表面に

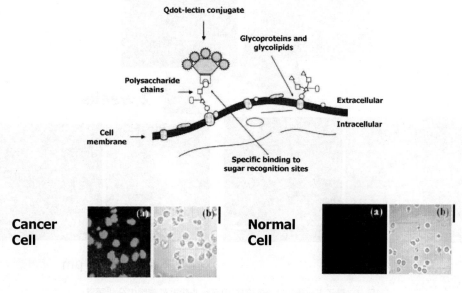

図6　量子ドットによるがん細胞検出

蛍光イメージング／MRI プローブの開発

はないような特異的な分子が存在しており，ある種の糖鎖はその代表例である．図6では，量子ドットにがん細胞にのみ存在する糖鎖を識別できる分子（レクチンや抗体）をラベル化することで，量子ドットががん細胞表面のみに結合することで，その蛍光から，がん細胞特異的検出を可能にした例を示す．

また，量子ドットは，細胞内に導入することで，ある特定の細胞の機能評価や，細胞の in vivo イメージングを可能にする．図7には，幹細胞内に量子ドットを導入し，幹細胞が分化誘導された場合の機能解析を行った例を示す．ここでは，量子ドット表面にカルボキシル基を結合したものに，アルギニンの8量体ペプチドを反応させることにより，アルギニンペプチドが有する細胞導入効果により，幹細胞内に効率良く導入した例を示す．量子ドットは，大量に細胞導入を行うと細胞毒性や分化誘導への影響が大きくなるが，ここでは，1 nM 以下の低濃度の量子ドットで幹細胞を処理することにより，幹細胞そのものへの細胞毒性や細胞増殖能への影響がほとんどないだけでなく，脂肪細胞や骨芽細胞へ分化誘導した場合でも分化誘導能にほとんど影響を与えないことが明らかとなった．さらに，量子ドットは，蛍光強度が高いために，低濃度での幹細胞処理や分化誘導後でも，強い強度の蛍光が観察されることが明らかとなった．

最近，肝不全マウスに幹細胞を静脈注射するだけで，肝不全が改善することが明らかとなった．図7で示された量子ドットで標識した幹細胞は，肝不全の幹細胞治療の機構解明のための in vivo イメージングに応用できると期待される．図8に，量子ドット標識した幹細胞をマウスに

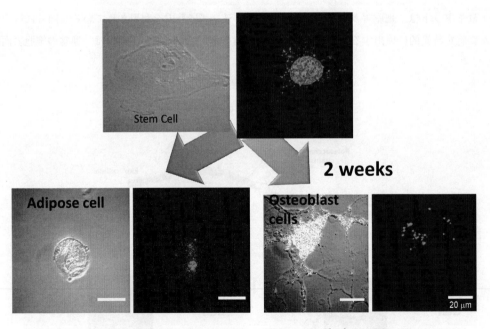

図7　量子ドットによる幹細胞のラベル化と幹細胞の分化誘導

第6章 量子ドットおよび無機蛍光体

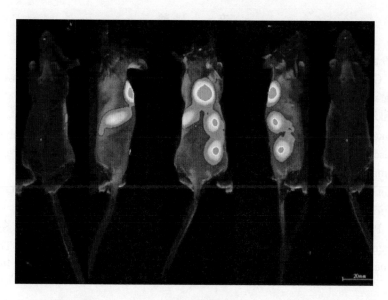

図8 量子ドットラベル化した幹細胞の in vivo イメージング

注射し，in vivo イメージングした例を示す．通常，マウスなどの動物の皮膚や組織は，可視光や赤外線を吸収することが知られており，体内の深部をイメージングするには，700〜800 nm の波長の蛍光を用いることが必要であることが知られている．量子ドットは，前述の通り，材料とサイズを制御することにより近赤外線の蛍光を有する量子ドットを合成することが可能であり，ここでは，800 nm の波長の量子ドットが用いられた．図から明確なように，幹細胞の体内分布が，in vivo の状態でイメージングできていることが分かる．この方法により，肝不全の幹細胞治療のメカニズムが解明され，より治療効果を上げるための幹細胞治療の改良が可能になり，肝不全の治療の有効性が高められた．

6 おわりに

量子ドットなどの無機材料を用いた蛍光体は，有機系の蛍光体やタンパク質蛍光物質と異なる特性を有しており，その特性を生かしたラベル化や実験系を構築することにより，バイオアッセイ，細胞アッセイや in vivo イメージングへの応用が可能であることが明らかにされてきた．量子ドットの課題であった毒性のカドミウムなどの材料を必要としない新たな材料による量子ドット開発や，より広範な波長域をカバーできる量子ドットの開発や，量子ドットと他の材料を融合することにより，より高度な機能を有する量子ドットが開発され，診断と治療を融合した"theranostic"デバイスなどの開発も可能になってきた．今後，新たな量子ドットが開発され，より広範囲な応用が展開されることが期待される．

文　献

1) 足立吟也監訳, 希土類とアクチノイドの化学, 丸善出版 (2008)
2) S. V. Gaponenko, Optical Properties of Semiconductor Nanocrystals, Cambridge University Press (1998)
3) 三原和久, 小畠英理, 馬場嘉信編, ナノバイオ計測の実際, 講談社 (2007)
4) R. Bakalova, Z. Zhelev, H. Ohba, Y. Baba, Design and synthesis of nanobioprobes for fluorescent detection of biological targets, Nanotechnologies for Life Science, 8th volume Nanomaterials for Biosensors, Wiley-VCH, pp. 175-207 (2007)
5) N. Kaji, M. Tokeshi, Y. Baba, Single Molecule Measurements with a Single Quantum Dot, *Chemical Record*, **7**, 295-304 (2007)
6) Y.-S. Park, Y. Okamoto, N. Kaji, M. Tokeshi, Y. Baba, Size-Selective Synthesis of Ultrasmall Hydrophilic CdSe Nanoparticles in Aqueous Solution at Room Temperature, Nanoparticles in Biology and Medicine. Methods and Applications, Humana Press (2011)

第7章　MRI造影剤

花岡健二郎[*1]，長野哲雄[*2]

1　はじめに

　動物体内の可視化技術として，X線，ガンマ線を利用するX線CTやPET（positron emission tomography），近赤外分光法などが挙げられる。その中の一つであるMRI（magnetic resonance imaging）は，磁場中の原子核や電子が特定の周波数の電波のエネルギーを吸収するNMR（nuclear magnetic resonance）現象を利用して生体の断層画像を撮影する方法である。MRIは，放射線被爆がなく，良好な組織コントラストで任意の断層画像が得られ，解剖学的描写に優れているのみならず，血流の情報や生体の機能や代謝の情報が得られるなど他の方法にない大きな特長を有している。そのため，臨床医学で有用な画像診断法の一つとして広く用いられている。

　現在，MRI造影剤としてガドリニウムイオン（Gd^{3+}）錯体や酸化鉄粒子が広く用いられ，そのMRI画像を鮮明にする造影効果はそれら化合物の強い磁性による。MRI造影剤の必要条件は，①水溶性であること，②生体内で安定であること，③人体に無害であること，④人体からの排泄が早いことなどが挙げられる。現在日本において承認されているGd^{3+}系MRI造影剤としてはマグネビストやオムニスキャン，ドタレム，プロハンスが挙げられる（図1左）。また，肝病変の検出をする肝特異性MRI造影剤であるエオビストも臨床使用が可能である（図1右）。一方，配位子の更なるデザインによって新たなMRI造影剤の開発に検討の余地がある。本章では，最もMRI造影剤として用いられているGd^{3+}系MRI造影剤に特に焦点を絞って，MRI造影剤の現状について紹介していきたい。

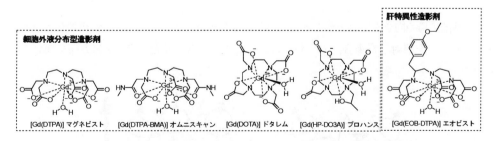

図1　現在，日本において承認されているGd^{3+}系MRI造影剤

---

*1　Kenjiro Hanaoka　東京大学　大学院薬学系研究科　講師
*2　Tetsuo Nagano　東京大学　大学院薬学系研究科　教授

2　MRIの原理

　一般に臨床の現場で用いられているMRIは，生体の構成原子のうち最も多く，かつ最も感度の高い原子核種である水素原子核（^{1}H）の分布とその周囲の状態を反映するNMR信号に基づいて画像が作り上げられている[1]。そのため，主に水分子に由来する^{1}Hのシグナルに基づく画像となる。更に近年，フッ素（^{19}F）が^{1}Hと同様に天然存在率がほぼ100％のNMR核種であり，生体内にはほとんど存在しないことから，^{19}F標識化合物を体外から投与し，その生体内での代謝動態を高いS/Nで画像化する技術が注目されている[2]。また，リン（^{31}P）も化学シフトイメージングに用いられ，エネルギー代謝に関する情報を得ることに利用されている[3]。一方，MRI用の造影剤はMRI画像が生体内の^{1}HのNMR信号に基づいて作り上げられていることから，磁気的に^{1}Hに影響を与えるものでなければならない。この働きをするものとして，不対電子を持つ常磁性金属イオンが挙げられる。常磁性金属イオンが存在することで縦緩和時間（T_1）と横緩和時間（T_2）をともに短縮することができる。多くの常磁性金属イオンの中で特にGd^{3+}が緩和時間の大きな短縮促進効果を示すため，現在，臨床現場のみならず基礎研究においても最も利用されるに至っている。その他の常磁性金属イオンとしては，クロムや鉄，マンガンイオンなども緩和促進効果が大きく，MRI造影剤としての可能性を大いに秘めている[4]。実際のMRI画像のコントラストとしては，プロトン密度，T_1およびT_2緩和効果，血流，化学シフト，交差緩和などによって影響を受けるが，特にT_1およびT_2緩和効果は造影剤研究において非常に重要な因子とされる。そのため，以下にT_1およびT_2緩和時間の意味について記す[5]。

　^{1}Hは個々に自転をしているため磁気双極子モーメントμを持っている。通常，それぞれの磁気双極子モーメントの軸は任意の方向を向いているため，互いに打ち消し合い正味の磁化は0となる（図2左）。そこに外部磁場B_0を加えると^{1}Hは自転をしながら，外部磁場B_0に沿って歳差運動を始める（図2右）。歳差運動の周波数ωはLarmor周波数と呼ばれ，「$\omega = \gamma B_0$（γ；磁気回転比）」の式で表され，この歳差運動によって正味の磁化ベクトルM_0がB_0と同じ向きとなる。

　次に外部磁場の向きを z 軸方向と考え，外部磁場に垂直な方向からLarmor周波数のラジオ波（RFパルス）を照射した場合，RFパルスと^{1}Hとの間で共鳴が起こり，z軸方向を向いていた

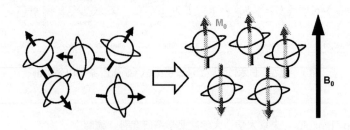

図2　外部磁場B_0の負荷による^{1}Hの挙動

第7章　MRI造影剤

正味の磁化ベクトル M_0 は螺旋運動をしながら x-y 平面に倒れる（図3中央）。また，このとき z 軸方向の歳差運動の位相が一致し x-y 平面に磁化が生じる。その後，RF パルスを断つことで，x-y 平面上にあった磁化ベクトル M は再び螺旋運動をしながら，元の状態に戻る（図3右）。この過程を緩和と呼び，この緩和過程から ^1H の情報が得られ，それを解析することで MRI 画像を構成することができる。

　緩和過程には z 軸方向の縦緩和と x-y 平面の横緩和に分けることができる。縦緩和とは，RF パルスを断たれた後に，磁化ベクトルは共鳴によって高いエネルギー状態にあるため，元の状態に戻る際にスピン―格子相互作用によってそのエネルギーを周囲の格子に与え元の状態に戻るが，元の状態の 63% に縦磁化成分 M_z が回復するまでの時間を縦緩和時間（T_1）と呼ぶ（図4）。一方，横緩和とは，RF パルスを断たれることで，RF パルスを断たれた直後は全てのスピンは同位相であるが，時間が経つにつれ，スピン―スピン相互作用によって位相分散が起こり，横磁化成分 M_{xy} は 0 になる（図5）。この際，RF パルスを経った直後から M_{xy} が 63% 減少するまでの時間を横緩和時間（T_2）と呼ぶ（図6）。基本的に横緩和は縦緩和よりも 5-10 倍速く，T_1 と T_2 は組織に固有の値であるため，この組織特有の T_1 と T_2 によって組織間の明暗をつけることができる。

　また，MRI 造影剤による造影効果を考えた場合，例えば，頻繁に使用されるパルス系列であるスピンエコー（spin echo）法による信号強度は式（1）によって決定される[1]。

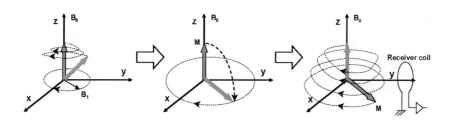

図3　RF パルスの照射による磁化ベクトル M の 90° フリップおよび緩和

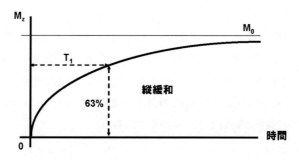

図4　縦磁化成分 $M_z(t) = M_0(1-e^{-t/T1})$ のグラフ

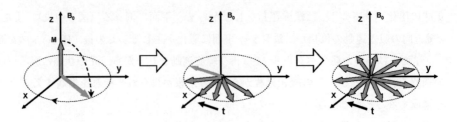

図5 位相分散による横緩和過程

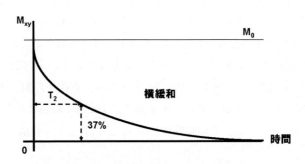

図6 横磁化成分 $M_{xy}(t) = M_0 e^{-t/T2}$ のグラフ

$$S \propto f(v) \, \rho \, (1-\exp(-Tr/T_1)) \exp(-Te/T_2) \exp(-bD) \tag{1}$$

- S ：信号強度
- f(v)：流速
- ρ ：プロトン密度
- T_1 ：縦緩和時間
- T_2 ：横緩和時間
- b ：b値
- D ：拡散定数
- Tr ：繰り返し時間
- Te ：エコー時間

つまり，T_1 および T_2 値によって MRI の信号強度は時間とともに指数関数的に変化する。Gd^{3+} 系 MRI 造影剤は特に T_1 緩和時間を強く短縮するため，T_1 強調画像上（Te 値を十分に短くした条件）で高い造影効果を得ることができる。図7に T_1 強調画像上での T_1 緩和時間が短い場合と長い場合とで時間変化に伴う MRI の信号強度変化を示した。この図から，T_1 緩和時間が短い方が MRI の信号強度が高いことが分かるであろう。

第 7 章　MRI 造影剤

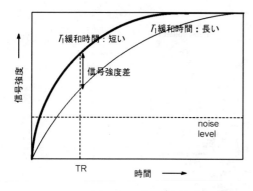
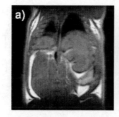
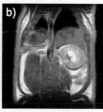

図 7　MRI 造影剤の投与による T_1 の短縮と信号強度との関係（左），
　　　ラット体内の MRI 画像（MRI 造影剤（a）投与前と（b）投与後）

3　MRI 造影剤の原理

^1H の緩和現象は，近接する ^1H 同士の相互作用や水分子の運動によるその部分部分の磁場の揺らぎによって緩和していく。一般に MRI 造影剤として汎用されている Gd^{3+} は 7 個もの不対電子を持つことで，非常に大きなスピン磁気モーメントを有し，それによって ^1H に与える磁気的効果が大きいと考えられている[6]。つまり，Gd^{3+} の大きなスピン磁気モーメントはこの部分部分の磁場の揺らぎを大きくするため，プロトンの緩和時間を大きく短縮することができる。また，MRI 造影剤として Gd^{3+} を人体に入れる場合，そのままでなく多座配位子と錯体化させる。これは，錯体化させることで排出を早め，毒性を極めて低くすることができるからである。例えば，マグネビスト（図 1）の場合，排泄は早く，80％以上が 6 時間後までに尿中に排泄される。しかしながら，遊離の Gd^{3+} は組織に沈着し肝臓・骨髄などに強い毒性を持ち，また Gd^{3+} 系 MRI 造影剤の毒性としても腎性全身性繊維症（NSF：nephrogenic systemic fibrosis）と呼ばれる横隔膜や心臓，肺，筋肉の繊維化が進行する疾患も報告されているが，遊離の Gd^{3+} によるかどうかは，はっきりとした裏づけに至っていないのが現状である。いずれにせよ，錯安定度定数が DTPA（$10^{22.46}$），DOTA（$10^{25.3}$）と十分に大きい配位子を用いることで，生体内においても遊離の Gd^{3+} になる可能性はほとんどなく毒性を小さくすることができる[7]。Gd^{3+} の配位子構造としては，マグネビストのような linea（線形）とドタレム（図 1）のような macrocyclic（マクロ環系）の 2 つがあり，一般にマクロ環系の方が Gd^{3+} との結合安定性が高い。また，オムニスキャンやプロハンスといった線形およびマクロ環系造影剤それぞれにおいて非イオン性にすることで浸透圧を低くする試みがなされている。

図 8 に Gd^{3+} 系 MRI 造影剤の一例としてドタレム（図 1）と周囲の水分子との相互作用を示す。Gd^{3+} による水分子の ^1H への磁気的影響の伝達には大きく 3 つに分けることができる。① Gd^{3+} に直接配位している水分子の交換（inner sphere），②配位子に水素結合する水分子や配位子自体が持つ交換可能な ^1H（second sphere）の交換，③ Gd^{3+} 錯体分子の周囲を拡散している水分

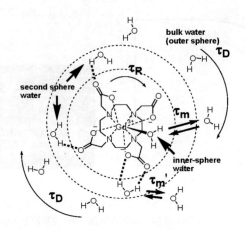

図8 緩和促進効果におけるドタレムと周囲の水分子との相互作用

子(outer sphere)に分けることができる。また一般に，MRI造影剤の常磁性効果は式(2)のように緩和能 r_1 値で表せられる。

$$(1/T_1)_{obs} = (1/T_1)_d + (1/T_1)_p$$
$$(1/T_1)_{obs} = (1/T_1)_d + r_1[Gd] \tag{2}$$

"d"：diamagnetic，"p"：paramagnetic

T_1：縦緩和時間

r_1：縦緩和時間の緩和能

緩和能 r_1 の値は，その化合物がどれだけ周囲の水分子の ^1H の T_1 を短縮できるかを表す値であり，つまり，r_1 が大きいほど T_1 短縮効果が大きいことを表す。例えば，マグネビストとドタレムの r_1 値はそれぞれ4.3 と 4.2 (mM^{-1}s^{-1}) (20MHz) である[7]。また，MRI造影剤による T_1 短縮効果は，式(3)に表すように inner sphere と outer sphere の水分子の ^1H の T_1 緩和時間の合計となっており，さらに，inner sphere における水分子の T_1 緩和時間短縮促進効果は式(4)のように表される。

$$\frac{1}{(T_1)_p} = \frac{1}{(T_1)_{inner\text{-}sphere}} + \frac{1}{(T_1)_{outer\text{-}sphere}} \tag{3}$$

$(T_1)_{inner\text{-}sphere}$：inner-sphereにおける$T_1$緩和時間

$(T_1)_{outer\text{-}sphere}$：outer-sphereにおける$T_1$緩和時間

第7章　MRI造影剤

$$r_{1p}^{is} = \frac{1.8 \times 10^{-5} q}{T_{1m} + \tau_m} \tag{4}$$

r_{1p}^{is}：inner-sphere における r_1 緩和能

q：Gd^{3+} への水分子の配位数

τ_m：inner-sphere における水分子の交換時間

T_{1m}：Gd^{3+} に配位した水分子における ^1H の T_1 緩和時間

このような Gd^{3+} 錯体の ^1H への緩和時間の短縮機構をもとに配位子の更なるデザインを行うことで，近年，新たな MRI 造影剤の開発が報告されている。式 (4) からどのパラメータ値を変化させることで機能性 MRI 造影剤の開発が可能となるか推測することができる。ここでは具体的に2つの例を挙げたい。例えば，Gd^{3+} 錯体の Gd^{3+} に直接配位している水分子数 (q) を変化させることで MRI 信号強度の制御が可能である。Raymond らはこれまでに図9(a) に示す高感度 MRI 造影剤の開発に成功している[8]。この造影剤は配位子による Gd^{3+} への配位数は7座配位であり，Gd^{3+} への水分子の配位数 (q) が2となっている。これによって，r_1 値が $10.5mM^{-1}s^{-1}$（20MHz，37℃）となり，市販されている Gd^{3+} 系 MRI 造影剤であるマグネビストやドタレム（q=1）の r_1 緩和能の約2倍となっている。さらに，q=2 にも関わらず市販の MRI 造影剤の錯体の安定度と比較して，より高い安定度を示している（pGd=19.2）。これは，Gd^{3+} が N 原子よりハード性の高い O^- との親和性が高いことに起因している。また，同様な分子設計戦略によって亜鉛イオン（Zn^{2+}）を標的分子とした機能性 MRI 造影剤の開発も可能である（図9(b)）[9,10]。

次に RIME 現象（receptor induced magnetization enhancement）を原理とした MRI 造影剤について紹介する。RIME 現象とは，血清アルブミン（分子量約67kDa）のような高分子量の分子と Gd^{3+} 錯体が結合することで Gd^{3+} 錯体分子自身の分子回転（τ_R；図8）が非常に遅くなり，結果として周囲の水分子に対し大きな緩和時間の短縮を引き起こす現象である。つまり，血清アルブミンなどの高分子と Gd^{3+} 錯体との結合を制御することで MRI の信号強度を変化させることが可能である。代表的な例として，MS-325 が挙げられる（図10(a)）[7]。MS-325 は血清アルブミンと高い可逆的な結合性を示し，結合することで分子回転速度が $\sim 10^{10} sec^{-1}$ から $\sim 10^8 sec^{-1}$

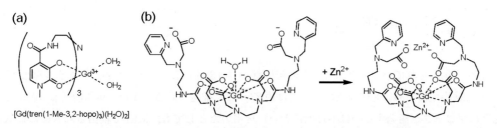

図9　Gd^{3+} に直接配位している水分子数 (q) を制御した機能性 MRI 造影剤の例
(a) q=2 とした高感度 MRI 造影剤，(b) Zn^{2+} 検出 MRI 造影剤

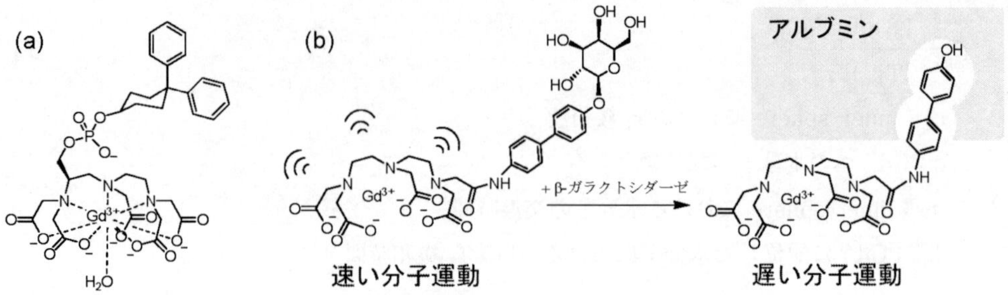

図10 RIME現象を原理とした機能性MRI造影剤の例
(a) MS-325, (b) β-ガラクトシダーゼ活性検出MRI造影剤

へと変化し,結果として r_1 値が $6.6mM^{-1}s^{-1}$ から $42.0mM^{-1}s^{-1}$ へと大きく上昇する。さらに,MS-325を人体内へと導入した際,血清アルブミンは血流中に高濃度で存在するため,MS-325は長期間血流中に滞留することになる。それによって,全身血管の造影効果を大幅に改善することができる。また,血清アルブミンと Gd^{3+} 錯体との可逆的結合を制御することで,レポーター蛋白質である β-ガラクトシダーゼの活性を検出できる機能性MRI造影剤の開発も可能である(図10(b))[11]。

4 MRI用標識プローブの開発とその応用

標的分子に特異的に結合する抗体やリガンドと Gd^{3+} 錯体を結合させたプローブは,これまでに多くの研究者によって開発され,実際にMRIによるイメージング研究に用いられてきた。しかしながら,このような小分子 Gd^{3+} 錯体を用いたプローブには検出感度の低さという大きな問題点が指摘されている。

例えば,臨床におけるMRI装置での軟組織の $1/T_1$ ($\equiv R_1$) はおよそ $1s^{-1}$ であり,MRIによる最低限検出可能なシグナル強度変化 $\Delta R_{1,min}$ (s^{-1}) を10%とし,緩和能 r_1 ($mM^{-1}s^{-1}$) の Gd^{3+} 錯体を用いてMRI画像を取得した場合,シグナル検出に必要な Gd^{3+} 錯体の検出限界濃度 C_{min} は式(5)のように表される[12]。

$$C_{min} = \frac{\Delta R_{1,min}}{r_1} = \frac{100}{r_1} \mu M \tag{5}$$

臨床で用いられているマグネビストの緩和能 r_1 は $4.3mM^{-1}s^{-1}$ であるため,シグナル強度変化として検出するために必要な濃度としては約 $23\mu M$ と推定される。また,緩和能 r_1 が $100mM^{-1}s^{-1}$ のプローブ(開発するのは不可能に近い)を用いたとしても,MRIで検出されるには最低 $1\mu M$ 必要となる。この濃度は,標的となりうる生体分子の実際の存在量を考えた場合,非常に高い濃度となっている。筆者らも同様に実際にMRI装置を用いた実験によって,Gd^{3+} 錯体の検

第7章　MRI造影剤

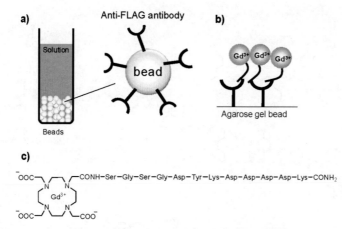

図11　Gd^{3+}錯体の検出限界濃度を算出する実験系
(a) 擬似標的組織として抗FLAG抗体が結合したアガロースゲルとGd^{3+}錯体を溶かした水溶液の混合液，(b) アガロースゲル表面における概念図，(c) FLAGペプチドが結合したGd^{3+}錯体の構造式

出限界濃度の算出を試みている[13]。具体的には，8アミノ酸からなるFLAGペプチドにGd^{3+}錯体を結合させた分子と，FLAGペプチドを認識して結合する抗FLAG抗体が結合したアガロースゲルを用いて，400MHzの高磁場MRIにてGd^{3+}錯体の検出限界濃度を算出した（図11）。この実験によって得られたデータを式（6）に代入することによって，Gd^{3+}錯体の検出限界濃度の算出を行った。

$$1/T_1 - 1/T_0 = (T_{1p}^{-1})_{DL} = [Gd^{3+}]_{DL} \times r_1 \tag{6}$$

T_1：Gd^{3+}錯体存在下のT_1緩和時間

T_0：溶媒のみのT_1緩和時間

r_1：Gd^{3+}錯体の緩和能r_1

$(T_{1p}^{-1})_{DL}$：$1/T_1$変化の検出限界

$[Gd^{3+}]_{DL}$：Gd^{3+}の検出限界濃度

その結果，約$10\mu M$のGd^{3+}錯体濃度が必要であることが分かった。つまり，Gd^{3+}錯体を標識したMRI造影剤の開発において，いかに多くのGd^{3+}錯体を集積させるかが実際に標的部位を可視化できるかのポイントとなる。以下にGd^{3+}錯体を標識した小分子によって，実際にMRIによる可視化に成功した例について紹介したい。Sherryらは，上述のGd^{3+}錯体の感度の低さを考慮し，ポリリシンを骨格とした樹状構造に8個のGd^{3+}-DOTAを導入することで，一分子当たりr_1値が$48mM^{-1}s^{-1}$と高感度な分子の開発に成功した（図12(a)）[14]。標的分子としては，血管内皮細胞増殖因子受容体（VEGFR-2）に着目し，91nMのK_d値で結合する非天然型ペプチドであるペプトイド分子にGd^{3+}錯体部位を結合させたMRI造影剤を開発し，MDA-MB-231細胞株を用いた腫瘍モデルマウスにて腫瘍部位をMRIにて可視化することに成功している。また

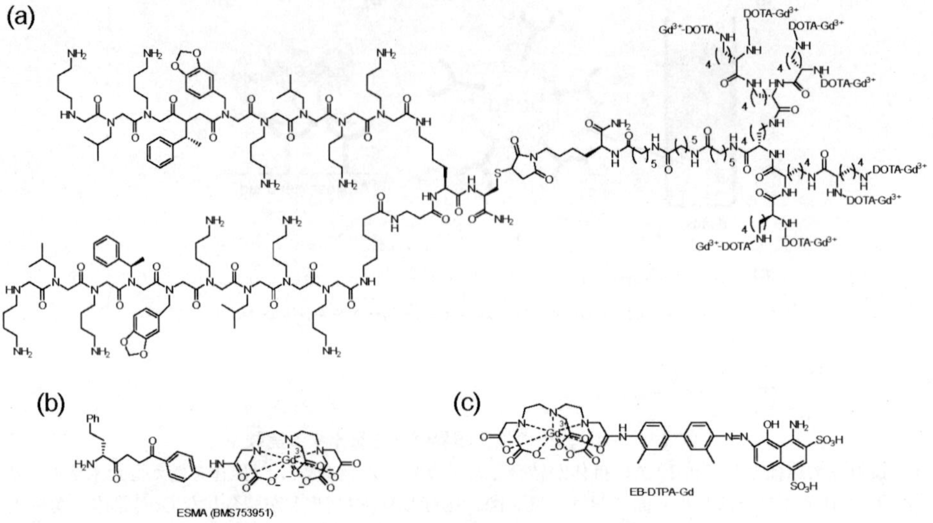

図12　Gd^{3+}錯体の標識プローブの例

Makowskiらは，動脈硬化巣におけるエラスチン含有量の増加に着目し，エラスチンに特異的に結合するGd^{3+}錯体，ESMA（elastin-specific magnetic resonance contrast agent）を開発した（図12 (b)）[15]。ESMAを動脈硬化モデルマウスであるApoE$^{-/-}$マウスに投与した結果，血管内の動脈硬化巣をMRIによって可視化することに成功した。ApoE$^{-/-}$マウスより摘出した動脈を用いた ex vivo の実験ではESMAの濃度が24.6mMにまで達することを確認している。さらに片山らは，血管内皮における損傷を検出するGd^{3+}錯体を開発した（図12(c)）[16]。エバンスブルーの分子構造をGd^{3+}錯体に組み込んだEB-DTPA-Gdを開発した。EB-DTPA-Gdを用いることで，ブタの摘出血管での血管内皮損傷の可視化，および生きたラットにおいても頸動脈における血管損傷を可視化することに成功している。

5　おわりに

MRIは動物体内のイメージング法として，臨床医療においても脳出血，脳血栓，脳梗塞，呼吸器疾患，消化器疾患など様々な疾患の診断に汎用されている。一方，MRI造影剤としてGd^{3+}錯体や超常磁性酸化鉄粒子（SPIO）が最もよく用いられ，臨床の現場においても実際に用いられている。さらに，Gd^{3+}錯体の標識プローブについては，多くの場合，抗体やリガンドといった標的分子と1対1程度で結合するため，プローブが標的分子に特異的に結合した場合においても，第4節で述べたようにその感度の低さからMRIのシグナル上昇として観測することは非常に困難である。この問題点を克服する手法として，多量のGd^{3+}錯体を封入したリポソームや，ナノ粒子，ミセル，デンドリマー等を用い，一つの標的分子に対して多くのGd^{3+}錯体を結合さ

第7章　MRI 造影剤

せるプローブの開発が現在，盛んに行われている。しかしながら，依然として検出限界の境界線上にあり，また巨大分子を用いることによる標的分子との結合定数の低下等の問題点もある。今後も MRI 装置や，MRI 造影剤，画像取得法の全ての進展によって生体内をより鮮明な画像として *in vivo* イメージングが行えることを期待している。また，MRI は臨床医療における画像診断法だけでなく，fMRI といった脳内活動の撮影方法としてもその成果を上げており，神経活動の *in vivo* イメージング法としても期待される。最後に，本稿で紹介したような新たな MRI 造影剤は，生体内の様々な生物学的現象を可視化するために非常に有用であり，PET や CT，蛍光イメージングなどの他のモダリティーと組み合わせることで，より高次な生命現象の解明に貢献していくと考えている[17]。

文　献

1) 杉村和朗（監修・編集），現場で役立つ臨床 MRI シリーズ MRI の原理と撮像法，メジカルビュー社（2000）
2) M. Higuchi *et al.*, *Nat. Med.*, **8**, 527（2005）
3) J. H. F. Bothwell *et al.*, *Biol. Rev.*, **86**, 493（2011）
4) 足立吟也監修，希土類物語 先端材料の魔術師，産業図書（1991）
5) 荒木力，MRI 完全解説，秀潤社（2008）
6) 足立吟也編著，希土類の科学，化学同人（1999）
7) P. Caravan *et al.*, *Chem. Rev.*, **99**, 2293（1999）
8) E. J. Werner *et al.*, *Angew. Chem. Int. Ed.*, **47**, 8568（2008）
9) K. Hanaoka *et al.*, *Chem. Biol.*, **9**, 1027（2002）
10) K. Hanaoka *et al.*, *J. Chem. Soc., Perkin Trans.*, **2**, 1840（2001）
11) K. Hanaoka *et al.*, *Chem. Eur. J.*, **14**, 987（2008）
12) J. C. Gore *et al.*, *J. Nucl. Med.*, **50**, 999（2009）
13) K. Hanaoka *et al.*, *Magn. Reson. Imaging*, **26**, 608（2008）
14) L. M. De León-Rodriguez *et al.*, *J. Am. Chem. Soc.*, **132**, 12829（2010）
15) M. R. Makowski *et al.*, *Nat. Med.*, **17**, 383（2011）
16) T. Yamamoto *et al.*, *Bioorg. Med. Chem. Lett.*, **14**, 2787（2004）
17) R. Weissleder *et al.*, *Nature*, **452**, 580（2008）

【第3編　化学プローブの開発・応用】

第8章　有機小分子蛍光プローブの精密設計による新たな生細胞機能可視化の実現

浦野泰照[*]

1　はじめに

　近年，生命現象の解析や病態要因の解明などにおいて，「生きている状態の生物試料」における種々の生理活性物質の動態をリアルタイムに観測することが極めて重要であることが，強く認識されるようになっている。このような観測を実現する技法として現在，観測対象分子を高感度に可視化する蛍光プローブを用いて，蛍光顕微鏡下で生細胞応答を観測する技法が広く汎用されている。

　これまでに開発されてきた蛍光プローブは，GFPなどの蛍光タンパク質をベースとするものと有機合成小分子をベースとするものに大別される。前者のプローブは，遺伝子導入によって細胞に発現させるだけで簡便にイメージングが可能であるという特長を持ち，キナーゼ活性からカルシウムイオンの動態など，様々なイベントを可視化するプローブが開発されてきた。これらのプローブの作動原理は，主に2つの蛍光タンパク質間のエネルギー移動（FRET：Förster Resonance Energy Transfer）であり，蛍光波長の変化を検出することで検出対象分子の存在の可視化を実現している。これらのプローブは遺伝子でコードされているため，構成アミノ酸のpoint mutationによって網羅的にヴァリアントを作成し，最も良い応答を示すものを探し出すという開発手法が可能であることも大きな利点である。一方でtrial and error式の開発しかできないため，検出対象分子のレパートリーはそれほど広くない点が問題であり，その他，細胞内のプローブ発現量を制御することが難しい点，蛍光タンパク質中の蛍光団の生成に時間がかかる点，また蛍光スペクトルの幅が広く多色検出が困難である点などが問題点としてよく挙げられている。

　一方で後者の有機小分子をベースとするプローブは，細胞外液に添加するだけですべての細胞に，速やかにかつ濃度を制御して導入可能であるなどの特長を有するため，多種多様なプローブの開発が強く望まれている。本プローブ群の検出原理としては，FRETよりもむしろ蛍光消光（quenching）がよく用いられている。すなわち，それ自身は分子内消光過程の存在により無蛍光であるが，これが観測対象分子と反応，結合することで強い蛍光を発するようになる蛍光プローブ分子が数多く開発されてきた。図1(a)に，このような合成小分子蛍光プローブを用いて，「生きている」細胞を「生きたまま」観測する手法の原理を簡潔にまとめた。観測対象とする生

　　＊　Yasuteru Urano　東京大学　大学院医学系研究科　教授

第8章　有機小分子蛍光プローブの精密設計による新たな生細胞機能可視化の実現

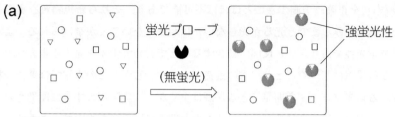

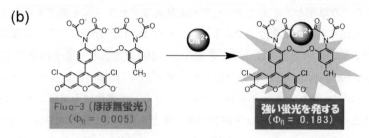

図1　(a) 蛍光プローブの機能　(b) 代表的な Ca^{2+} イオン検出蛍光プローブ fluo-3 の Ca^{2+} イオン結合前後における蛍光特性変化

理活性分子（▽）の検出を考えるとき，ほとんどの生理活性物質は無色であるため，光学顕微鏡でただ観察してもその動きを知ることはできないが，▽と反応・結合することで初めて蛍光を発する合成小分子蛍光プローブを細胞内に存在させることで，▽の動きを蛍光の変化として，高感度かつリアルタイムに追うことが可能となる。

例えば，Ca^{2+} イオンが細胞内の情報伝達を司る代表的なセカンドメッセンジャーとして働いていることは，すでに疑いのない事実であるが，これは Ca^{2+} イオンを選択的に蛍光検出可能な蛍光プローブの開発によるところが極めて大きい。代表的な Ca^{2+} イオン検出蛍光プローブである fluo-3 の構造と Ca^{2+} イオン検出の原理を図1(b) に示した。Fluo-3 はフルオレセイン骨格と Ca^{2+} イオンキレーターである BAPTA 部位とが融合した構造であるが，Ca^{2+} フリーの状態ではほぼ無蛍光であり，これが Ca^{2+} イオンと結合するとその蛍光強度が 36-40 倍に上昇するため，Ca^{2+} イオン検出蛍光プローブとして機能する[1]。

2　分子内光誘起電子移動に基づく蛍光プローブの論理的精密設計法の確立

上述のように生細胞観測に極めて重要な役割を果たす蛍光プローブであるが，これまでに開発されてきた有機小分子蛍光プローブのほとんどは trial and error 方式で開発されてきており，望みの機能を実現する蛍光プローブを狙って開発することは極めて困難であった。この理由として，現代の最新の量子化学計算を駆使しても，新たな有機化合物の蛍光特性，中でもその明るさ

(蛍光量子収率) を正確に予測することはほぼ不可能であり，それら新規物質を実際に合成し，蛍光特性を実測してみるまで，光るか光らないかはわからないことが挙げられる。よってこれまで，元々は無蛍光性であり，▽と反応・結合することで初めて蛍光を発する蛍光プローブを開発するには，試行錯誤に基づくことが一番の近道であった。しかしこの方法では新たな検出対象分子を可視化する蛍光プローブを開発できる保証は全くなく，実際これまでに開発されてきた蛍光プローブのターゲットは，各種典型金属イオンなど非常に限られたものであった。

そこで筆者らはこのような状況を打破し，目的の機能を有する蛍光プローブを論理的に精密に設計することを目標とした研究を行ってきた結果，光誘起電子移動（Photoinduced Electron Transfer；PeT）を設計原理とする蛍光プローブの論理的なデザイン法を確立することに成功した。すなわち，例えば代表的な蛍光分子であるフルオレセインは，分子をベンゼン環部位と蛍光団であるキサンテン環部位の2部位に分けて考えることが可能であり，分子内PeTによりその蛍光特性を精密に制御可能であることを見出した（図2(a)）。具体的には，ベンゼン環部位のHOMOエネルギーレベルがある値よりも高いフルオレセイン誘導体は全てほぼ無蛍光であり，これが低い誘導体は全てフルオレセインと同等の強い蛍光を発することが明らかとなった（図2(b)）[2,3]。なぜ一般に予測不可能であった蛍光特性を，我々の手法を用いた分子設計では予測可能となったかを簡単に述べるならば，我々の手法では蛍光団であるキサンテン環には全く修飾を加えておらず，蛍光団とはπ電子共役していないベンゼン環部位に修飾を加えているため，蛍光団自身の基本的な特性は損なわれていないことが挙げられる。実際，この手法に基づく分子設

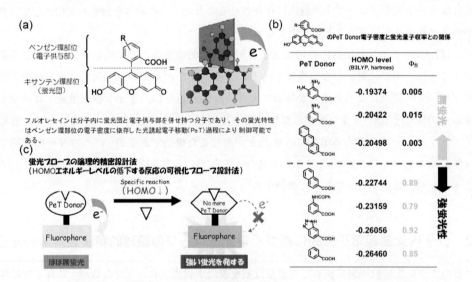

図2 (a) 代表的な長波長励起蛍光分子であるフルオレセインは2つの部位に分割して考えることができる (b) フルオレセイン誘導体の蛍光量子収率は，ベンゼン環部位のHOMOエネルギーレベルに依存した光誘起電子移動の概念によって，精密に予測することが可能である (c) これまでに確立した，光誘起電子移動に基づく蛍光プローブの論理的精密設計法の一例

第8章　有機小分子蛍光プローブの精密設計による新たな生細胞機能可視化の実現

計では，その吸収・蛍光スペクトルはほとんど変化せず，量子収率のみが変化するなど，蛍光団自身の基本的な特性は保たれていることが明らかとなっている。

　以上の知見を発展させることで筆者らは，図2(c)に示した蛍光プローブの論理的設計法の確立に成功した。すなわち，ある観測対象分子に対する蛍光プローブの開発を考える際，その観測対象分子と特異的に結合・反応し，かつその反応前後で基質のHOMOエネルギーレベルが大きく低下する化学反応（分光学的な変化は一切必要ない）さえ知っていれば，これを活用して反応前はPeTによりほぼ無蛍光であり，反応後にPeTが起こらなくなることで強い蛍光を発するプローブを論理的に開発することが可能となった。

3　各種活性酸素種（ROS），及び関連酵素活性の選択的検出を可能とする蛍光プローブの論理的開発

　活性酸素種（ROS）は，炎症，ガンなど多くの疾患に関わるとされ，また近年では細胞内情報伝達物質としての役割も持つとの指摘もあり，ますます注目を集めている。一口にROSと言っても，スーパーオキシド，過酸化水素，ハイドロキシルラジカル，一重項酸素など多くの種が存在し，これらはそれぞれ特徴的な化学反応性を持つことから，生体内においても異なる役割を持つ可能性も高い。ROS検出用蛍光プローブは，筆者らの研究以前にもいくつか開発され，中でもジクロロフルオレセインの2電子還元体であるDCFH（Dichlorodihydrofluorescein）が広く用いられてきた。しかしながらDCFHにはROS間の特異性は全くなく，また励起光を当てるだけでROSの有無にかかわらず大きく蛍光が増大してしまう欠点を持っており，生物学的に意味あるデータを得ることは困難であった。

　そこで筆者らは，上述の蛍光プローブデザイン法を活用し，ある特定の活性酸素種のみを検出可能な蛍光プローブの精密設計を試みた結果，多数の新規蛍光プローブの開発に成功した[4〜7]。図3にいくつかの代表例を示したが，例えば一重項酸素とパーオキシナイトライトとをそれぞれ高選択的かつ高感度に検出可能な蛍光プローブは，前者はアントラセンからエンドパーオキサイドを生成する化学反応[3,4]を，後者はフェノールのニトロ化反応[6]をそれぞれ鍵化学反応として活用することで，論理的にそれぞれの蛍光プローブを開発することに成功した。

　さらに，好中球に含まれるミエロパーオキシダーゼによって産生されるROSであり，高い活性を有するhROSの一種である次亜塩素酸を特異的に検出可能な蛍光プローブHySOxの開発にも成功した[7]。そのプローブ設計原理は，これまで紹介してきたPeTとは異なり，ローダミン骨格の分子内閉環・開環平衡の制御に基づくものであり，HySOxプローブ自身は色も蛍光も持たない化合物であるが，これが次亜塩素酸イオンと反応すると通常のローダミン蛍光を発する生成物へと変化する（図3右下）。本プローブは抗光褪色性のローダミンをその母核とするものであるため，同一視野の連続観察時におけるプローブの褪色が全く見られないなど，極めて生細胞イメージングに適した性質を持つ。実際，ブタ好中球によるザイモザン貪食時に生成する次亜塩素酸

蛍光イメージング／MRI プローブの開発

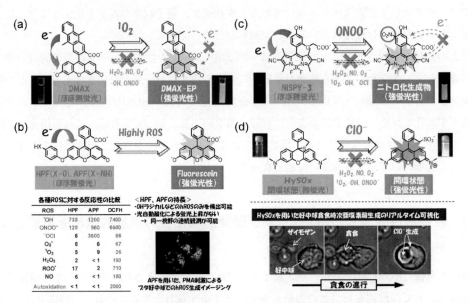

図3 確立した設計法に基づき開発に成功した，各種活性酸素種を種特異的に検出可能な蛍光プローブ群
(a) 一重項酸素検出蛍光プローブ DPAX, DMAX 類，(b) 強い酸化活性種（hROS）のみを検出するプローブ HPF, APF，(c) ニトロ化ストレス検出蛍光プローブ NiSPY 類，(d) 次亜塩素酸特異的，抗光褪色性蛍光プローブ HySOx

酸のリアルタイム連続観測を試みたところ，ザイモザンを貪食して生成したファゴソーム内のみに，貪食のタイミングと極めて良く相関して，強いローダミン蛍光が生成することが観測された。本結果は，好中球の活性化による次亜塩素酸生成をリアルタイムで可視化した初めての例であり，白血球の生理作用解析や，医薬品開発に大きな力を発揮するものと期待している。

次に，薬物代謝反応の第二相反応を司る酵素として知られ，また近年生細胞内で各種タンパク質と複合体を形成することで，それらの活性を制御していることも指摘されている，グルタチオン S-トランスフェラーゼ（GST）の酵素活性を可視化する蛍光プローブの開発を行った。GST はジニトロクロロベンゼンやペンタフルオロ安息香酸類など電子欠損有機化合物を良い基質とすることが知られており，特に 3,4- ジニトロ安息香酸アミドは GST の選択的な良い基質となり，酵素反応の結果，1つのニトロ基がグルタチオンで置換された反応生成物を与えることが明らかとなったため，この特徴ある化学反応を活用して，生細胞内での活性検出を可能とする蛍光プローブの設計を行った。具体的には，上述した電子移動とは逆向きの，すなわちニトロ基の強い電子吸引性に基づく蛍光団からベンゼン環部位への分子内 PeT を活用し，図4に示す新規 GST 活性検出蛍光プローブ DNAT-Me をデザイン・開発した[8]。

開発に成功した DNAT-Me は，GST と反応する前は，十分に低い LUMO エネルギーを持つジニトロ安息香酸アミド部位が分子内に存在するため PeT によりほぼ無蛍光である。これが GST によってグルタチオン化されることにより PeT が起こらなくなり，蛍光強度が飛躍的に増

第8章　有機小分子蛍光プローブの精密設計による新たな生細胞機能可視化の実現

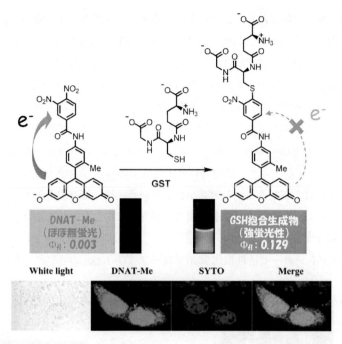

図4　光誘起電子移動を原理とするグルタチオンS-トランスフェラーゼ（GST）活性検出蛍光プローブDNAT-Meの開発と，生細胞内のGST活性のリアルタイム観測例

大することが，精製GSTを用いた *in vitro* 実験から確かめられた。特に強調すべき点として，本プローブはグルタチオンのみとはほとんど反応せず，GSTが存在して初めてグルタチオン化反応が進行する特長を有しており，真にGST活性をとらえることができる世界初の蛍光プローブである点が挙げられる。そこで最後にDNAT-Meを生細胞に負荷し，生きている細胞中のGST活性の検出を試みた。その結果，細胞の種類によって生きている状態でのGST活性は大きく異なること，またHuCCT-1などがん細胞では，図4下に示したように，細胞質に比べて核内に強いGST活性があることが明らかとなった。このような時空間分解能の高い情報は，生細胞内で機能するGST活性検出蛍光プローブの存在があって初めて得られるものであり，生物学研究における蛍光プローブの重要性を端的に示す結果である。

4　TokyoGreen骨格の創製に基づく，各種加水分解酵素・反応可視化蛍光プローブの開発

さらに最近，フルオレセインの骨格構造を大胆に見直すことで，新たな蛍光プローブデザイン法に繋がる誘導体群の創製に成功した。すなわち上記のPeTの考え方によれば，フルオレセインのカルボキシ基は他の官能基に変換することが可能であると考え，メチル基，メトキシ基など他の官能基に置換した誘導体の開発を試みた（図5(a)）。驚いたことにこれらの単純なフルオレ

セイン誘導体は新規化合物であり，また以下に詳述するようにこれらは極めて有用な蛍光プローブ母核となるものであったため，これらの新規蛍光骨格をTokyoGreen（以下TGと略す）と命名した[9]。次にこれらTGsの蛍光特性を精査した結果，ベンゼン環HOMOエネルギーレベルの上昇により蛍光量子収率が減少するというPeTの原理に一致した結果が得られたばかりでなく，蛍光On/Offの境界はキサンテン環部位の水酸基がアニオン型である場合と，分子型である場合で大きく異なることも明らかとなった（図5(b)）。本知見はプローブ設計の観点から非常に有用である。すなわち，図5(b)の枠で囲ったm-メトキシトルエンをベンゼン環部位として持つTGは，キサンテン部位がアニオン型の時は強蛍光性である一方，分子型になるとほぼ無蛍光であるという特異な性質を有するキサンテン系色素といえ，極めて有用な蛍光プローブ母核となり得ることを示している。以下，本特性を活用して開発に成功した各種加水分解酵素・反応可視化蛍光プローブを紹介する。

まず，β-ガラクトシダーゼ活性検出蛍光プローブTG-βGal（図5(c)）を紹介する。TG-β

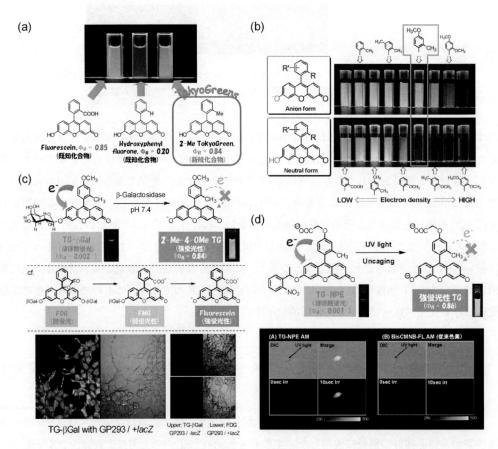

図5 (a) 新規フルオレセイン誘導体TokyoGreensの創製 (b) TokyoGreensの特徴的な蛍光特性 (c) TokyoGreen骨格を活用した，高感度かつ生細胞系での使用が可能な世界初のβ-ガラクトシダーゼ検出蛍光プローブTG-βGalの開発 (d) 新規Caged蛍光色素（Caged TG類）の開発

第8章 有機小分子蛍光プローブの精密設計による新たな生細胞機能可視化の実現

Gal は，m-メトキシトルエンをそのベンゼン環部位とする TG 類であり，このプローブ自身のキサンテン環部位の水酸基は，ガラクトースと結合しているエーテル構造となっており，よって pH 7.4 の水溶液中でも分子型をとる結果，ほぼ無蛍光性である。これが β-ガラクトシダーゼにより特異的に加水分解されることで，キサンテン環部位の水酸基はフリーとなるが，その pKa が約 6.2 であるため脱プロトン化してアニオン型となるため，生成物である 2-Me-4-OMe TG は強い蛍光を発する。すなわち本プローブは β-ガラクトシダーゼ活性検出蛍光プローブとして機能する。実際，本反応前後での蛍光増大率は約 800 倍にも達し，極めて鋭敏に β-ガラクトシダーゼ活性検出が可能である。

β-ガラクトシダーゼはレポーター酵素として最も汎用されているが，これまでの検出法は X-Gal 染色などの吸光法を原理とするものがほとんどであり，原理的に高感度であるはずの蛍光法が用いられることは非常に少なかった。今回開発に成功した TG-βGal は分子内に糖部位を1つしか持たず，これが加水分解される1段階の反応で，従来から知られている蛍光プローブ（Fluorescein-di-β-galactoside；FDG，図 5(c)）の 2 段階分に相当する最大の蛍光強度変化を生じるように設計されているため，非常に感度良く β-ガラクトシダーゼ活性を検出することが可能となった。本プローブは生細胞系への適用が可能であり，実際図 5(c) に示したように，生細胞系における β-ガラクトシダーゼの高感度検出に世界で初めて成功した[9,10]。

上述の設計法で用いるアルキル基部位は，もちろんガラクトースに限られるものではない。これを光解除性保護基であるニトロベンジル基とすれば，いわゆる caged 蛍光色素が誕生する。実際本設計法に基づいて開発された TG-NPE は，それ自身は分子内 PeT の結果ほぼ無蛍光であり，ここに 350 nm の解除光を照射することで大きな蛍光増大を示す Caged 蛍光色素として機能する。TG-NPE は上述の TG-βGal と同様，1 段階の光解除性保護基の脱離により最大の蛍光強度変化を生じるため，従来色素に比べ極めて短時間の解除光照射で単一細胞の蛍光染色が可能であることも示された（図 5(d)）[11]。

5 おわりに

筆者らが最近確立することに成功した有機小分子蛍光プローブの論理的な設計法により，開発可能な蛍光プローブの種類は飛躍的に増大し，実際，本稿で紹介してきたように，生きている生物試料の中で起こる各種イベントを可視化する新規蛍光プローブ群の開発に成功した。開発した蛍光プローブ群は，細胞培養液に添加するだけで，容易に細胞膜を通過して生きている細胞に負荷することが可能であり，すぐにでも生物学領域研究に適用可能な実用性を持っている。今後，有機小分子蛍光プローブを積極的に活用したライブイメージングから，画期的な生物・医学領域研究成果が生まれることを強く期待している。

蛍光イメージング/MRIプローブの開発

文　献

1) Minta A. *et al.*, *J. Biol. Chem.*, **264**, 8171-8178（1989）
2) Miura T. *et al.*, *J. Am. Chem. Soc.*, **125**, 8666-8671（2003）
3) Tanaka K. *et al.*, *J. Am. Chem. Soc.*, **123**, 2530-2536（2001）
4) Umezawa N. *et al.*, *Angew. Chem. Int. Ed.*, **38**, 2899-2901（1999）
5) Setsukinai K. *et al.*, *J. Biol. Chem.*, **278**, 3170-3175（2003）
6) Ueno T. *et al.*, *J. Am. Chem. Soc.*, **128**, 10640-10641（2006）
7) Kenmoku S. *et al.*, *J. Am. Chem. Soc.*, **129**, 7313-7318（2007）
8) Fujikawa Y. *et al.*, *J. Am. Chem. Soc.*, **130**, 14533-14543（2008）
9) Urano Y. *et al.*, *J. Am. Chem. Soc.*, **127**, 4888-4894（2005）
10) Kamiya M. *et al.*, *J. Am. Chem. Soc.*, **129**, 3918-3929（2007）
11) Kobayashi T. *et al.*, *J. Am. Chem. Soc.*, **129**, 6696-6697（2007）

第9章　機能性分子設計に基づく蛋白質の蛍光ラベル化

水上　進[*1],　菊地和也[*2]

1　序論

　近年，生きた細胞・組織，あるいは動物個体内における生体分子の挙動や機能を直接可視化する「分子イメージング」技術が注目されている。特に，小分子蛍光プローブや蛍光蛋白質などを用いた蛍光イメージングは，医学・生物学の分野で最も広く用いられているイメージング法の一つであり，様々な生命現象の解明に大きく貢献してきた。ある蛋白質の細胞内局在や挙動を調べるために，蛍光蛋白質（Fluorescent Protein, FP）を標的蛋白質に遺伝子工学的に融合し，蛍光顕微鏡で解析する手法が一般的に用いられている。FPの発見から応用への功績を称えて，下村・Chalfie・Tsienの三氏に2008年度のノーベル化学賞が授与されたのは記憶に新しい。近年では，蛍光蛋白質の遺伝子を改変し，生理機能を探索する機能性プローブの開発も数多く報告されている[1]。このような機能性FPプローブは，遺伝子改変により発現の局在制御などが可能であり，大変有用である。このようにFPを用いた実験のその幅広い応用性は周知の通りだが，幾つかの課題も存在する。例えば，FPの発現を時間制御することは一般的に困難である。また近年，分子イメージングの研究対象として，生細胞だけでなく動物個体を用いることの重要性が認識されており，組織透過性の高い近赤外領域の蛍光イメージングが注目されているが，そのような近赤外蛍光を発する蛋白質は未だ開発途上にある。

　FPの持つ問題点の幾つかを克服する技術として，標的蛋白質を機能性分子で特異的にラベル化する手法が近年注目されている[2]。これまでに様々な手法が報告されており，幾つかの技術は市販されている。その多くはタグと呼ばれるペプチドあるいは蛋白質を標的蛋白質に遺伝子的に融合させ，タグに特異的に結合する機能性分子をラベルする方法である（図1）。一方，これら既存のラベル化法は，特異性に問題がある場合や，ラベル化前後でのプローブの蛍光特性が変化しないために未反応のプローブを洗浄で完全に除く必要があるなど，改良の余地はまだ多く残されている。そこで，筆者らの研究グループでは，より高機能かつ汎用的な蛋白質ラベル化法の開発に取り組んでいるので紹介したい。

＊1　Shin Mizukami　大阪大学　大学院工学研究科　生命先端工学専攻　准教授
＊2　Kazuya Kikuchi　大阪大学　大学院工学研究科　生命先端工学専攻　教授

図1　標的蛋白質の可視化技術
（上）FP との融合蛋白質として発現。（下）タグ蛋白質との融合蛋白質として発現させた後，機能性ラベル化プローブを修飾。

2　タグの選択

　汎用性の高い蛋白質ラベル化法において，適切なタグを選ぶ必要がある。タグ分子の選択において重要なポイントは，①内在性でないこと，②内在性基質と反応しないこと，③融合させた標的蛋白質の機能を阻害しないこと，の3つである。まず①，②に関しては，サンプル細胞内にタグと同一あるいは同種の蛋白質が存在する場合，ラベル化プローブがそれらの内在性蛋白質に結合してしまう。また，タグが内在性の基質と反応する場合も，ラベル化プローブの結合が阻害されるため，不適当である。③の標的蛋白質の機能に影響を与えるかどうかについては，タグの大きさ，電荷，疎水性など様々な要因が関係している。細胞内環境を考慮した上での確たる根拠は乏しいが，一般的にタグの分子量はできるだけ小さい方が好ましいと考えられている。238 アミノ酸（分子量27k）からなる GFP など様々な FP が多くの実験で用いられているが，ある種の FP は二量体形成能などに起因して細胞内分子と相互作用する可能性があり，標的蛋白質の機能への影響は個々の事例で異なると考えられる。ちなみに市販タグの分子量は，最小のテトラシステインタグ[3]で 575（6 アミノ酸），最大の HaloTag[4] でも 33k である。

　筆者らは上記3つの条件および分子サイズを考慮して，タグとして β-ラクタマーゼに着目した。クラス A β-ラクタマーゼに属する TEM-1 は分子量が 28k 程度の小さな酵素である。β-ラクタマーゼは細菌酵素であるため，哺乳類細胞には内在性の相同蛋白質は存在しない。また，抗生物質であるペニシリンやセファロスポリンを加水分解することから，その酵素反応機構について古くから多くの研究がなされてきた[5]。図2a に TEM-1 によって触媒されるペニシリンの加水分解反応の機構を示す。酵素基質複合体の形成の後，活性化された 70 番目の Ser の水酸基が β-ラクタムを求核攻撃し，酵素と基質がエステル結合で連結されたアシル中間体を形成する（アシル化：acylation）。次いで，166 番目の Glu が近傍の水分子の脱プロトン化を促進し，その水

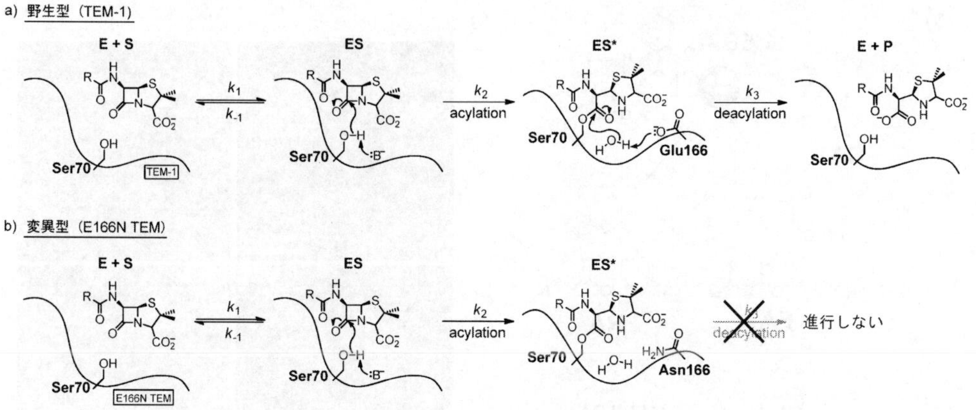

第9章　機能性分子設計に基づく蛋白質の蛍光ラベル化

図2　(a) ペニシリンを基質としたときの野生型 TEM-1 の酵素反応機構
(b) 変異型 TEM (E166N TEM) の場合の反応機構

分子がアシル中間体を加水分解する（脱アシル化：deacylation）[6]。この脱アシル化過程に関与する Glu を Asn に変異させた変異型酵素 E166N TEM では，酵素反応の脱アシル化速度定数 k_3 が極めて遅くなり，実質的に脱アシル化は進行しない[7]（図2b）。すなわち，基質が変異型酵素に共有結合した酵素—基質複合体が安定に存在する。そこで，この E166N TEM をラベル化タグとして利用することを考えた。

3　マルチカラー蛍光ラベル化プローブの開発

まず，標的タグを選択的に蛍光ラベル化するプローブ分子のデザインを行った。ラベル化プローブに要求される条件としては，β-ラクタマーゼの基質として認識されること，すなわちペニシリンやセファロスポリンなどの β-ラクタム構造を持つことである。そこで，抗生物質のアンピシリンにクマリン，フルオレセイン，テトラメチルローダミンがそれぞれ結合したCA，FA，RAの3種の化合物を合成した（図3a）[8,9]。これらの化合物を変異型（E166N）TEM とインキュベーションした後，変異酵素への結合を SDS-PAGE によって確認した。いずれのプローブも，CBB（クマシーブリリアントブルー）で染色された E166N TEM の蛋白質バンドと同じ位置に蛍光バンドが観察された（図3b）ことから，これらのプローブが E166N TEM と共有結合していることが示唆された。これらのプローブが変異酵素と1：1で結合していることは，ESI-MS の結果からも示唆された。細胞抽出液の存在下で，同様のラベル化反応を行った場合においても，E166N TEM のみに選択的に蛍光ラベル化が見られたことから，E166N TEM と β-ラクタム化合物の組み合わせが特異性の高い「タグ-ラベル化プローブ」システムであることが示唆された。

この変異型 β-ラクタマーゼを BL-tag と命名し，生きた細胞で発現している標的蛋白質のラ

蛍光イメージング／MRI プローブの開発

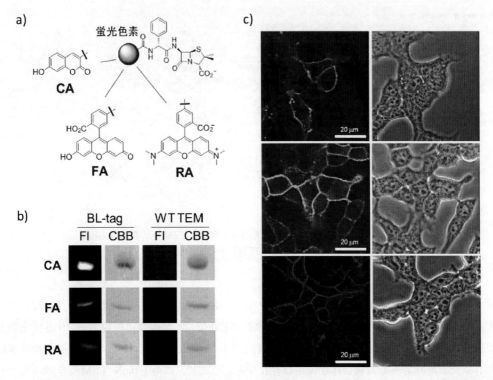

図3 a) 開発した蛍光ラベル化プローブ CA, FA, RA の構造。b) SDS-PAGE を用いたタグ蛋白質（BL-tag）への蛍光ラベル化の確認。Fl：蛍光写真，CBB：クマシーブリリアントブルー染色写真。c) 膜蛋白質 EGFR の蛍光ラベル化（上から CA, FA, RA, 左列が共焦点顕微鏡像，右列が位相差顕微鏡像）

ベル化に適用できるかどうか検討を行なった。標的蛋白質としては，膜蛋白質である上皮成長因子受容体（Epidermal Growth Factor Receptor：EGFR）を選択した。EGFR の細胞外の N 末端に，BL-tag を融合させ，HEK293T 細胞で発現させた。この細胞を培地中 37℃で 5μM の各ラベル化プローブとインキュベーションした。1 時間後，培地を PBS に交換し，蛍光顕微鏡で観察したところ，細胞膜表面の融合蛋白質（BL-EGFR）がラベル化され，各蛍光色素由来の色の蛍光を示すのが観察された（図 3c）。ネガティブコントロールである EGFR のみを発現させた細胞においては，蛍光ラベル化が全く観察されなかった。以上の結果を考慮すると，本ラベル化法はすでに実用化されている HaloTag および SNAP-tag に匹敵する実用性・応用性を備えていると考えられる。

一方，これらアンピシリン誘導体を用いたラベル化法には未解決の課題も残る。その一つが，未反応プローブの問題である。一般的にラベル化プローブはタグに比べて過剰に存在しているため，未反応のラベル化プローブからの強い蛍光がラベル化蛋白質からの蛍光シグナルの観察を妨げる。それゆえ，通常は，洗浄操作によって未反応プローブを取り除いており，これは HaloTag や SNAP-tag にも共通する問題である。この問題を解決するには，発蛍光型ラベル化プローブの開発が求められる。発蛍光型ラベル化プローブとは，タグへのラベル化前は消光しているがラ

第9章　機能性分子設計に基づく蛋白質の蛍光ラベル化

ベル化されると蛍光を発するようなプローブであり，この化合物を用いれば原理的には洗浄操作は不要になる。そこで次に，蛍光共鳴エネルギー移動（FRET：fluorescence resonance energy transfer）の原理を用いた「発蛍光ラベル化法」の開発に取り組んだ。

4　発蛍光ラベル化プローブの開発

筆者らは図4aに示すプローブ化合物CCDをデザインし，合成を行った。CCDはβ-ラクタム系抗生物質のセファロスポリンを基本骨格とし，その両端に7-ヒドロキシクマリンとN,N-ジメチルアミノアゾベンゼンカルボン酸（Dabcyl）が結合している。Dabcylは消光性色素として広く知られている化合物で，他の色素由来の蛍光を蛍光共鳴エネルギー移動（FRET：Fluorescence Resonance Energy Transfer）により消光させる。すなわちCCDにおいては，クマリンの蛍光はDabcylへの分子内FRETにより，消光するようにデザインされている。ここで，図4aに示すスキームにより，変異型β-lactamaseタグへのラベル化が起こると，Dabcylが脱離して蛍光が回復すると期待した。

実際にCAの場合と同様に，合成したCCDをBL-tagとインキュベーションしたところ，遊離のCCDはほとんど蛍光を発しなかったのに対し，タグに結合したCCDは強い蛍光を発した。ラベル化反応の過程を蛍光光度計で経時測定したところ，当初は消光していた蛍光が徐々に上昇する蛍光スペクトル変化が得られた（図4b）。すなわち，FRETの原理に基づいたプローブデザインにより，「発蛍光ラベル化法」の開発に成功した[8]。また，先に示したペニシリン型のラベ

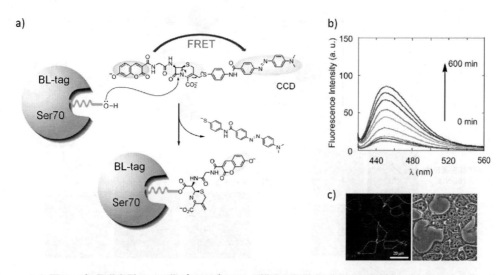

図4　a) 発蛍光型ラベル化プローブCCDの構造と発蛍光ラベル化の機構。b) CCDを含む緩衝液にBL-tagを添加した時の蛍光スペクトル変化（励起波長：410nm）。c) 発蛍光型プローブCCDによる膜蛋白質EGFRの蛍光ラベル化（左：共焦点顕微鏡像，右：位相差顕微鏡像）

蛍光イメージング／MRIプローブの開発

ル化プローブと同様に生きた細胞膜上に発現させた蛋白質のラベル化も可能であった（図4c）。その他に，蛍光色素がフルオレセインである化合物FCDも開発し，同様に発蛍光ラベル化に成功した[9]。一方，これらCCDおよびFCDにおいては，消光基であるDabcylの脱離にやや時間がかかるのが欠点であった（図4b）。現在まだ論文投稿段階であるが，この脱離消光基を改良し，数分で発蛍光ラベル化が完了するより高機能な発蛍光型ラベル化プローブの開発に成功している[10]。このプローブをBL-EGFRを発現している細胞のディッシュに添加して共焦点顕微鏡で観察を行ったところ，過剰のプローブを洗浄せずに標的蛋白質の蛍光検出が可能であり，非常に実用的なラベル化法と言える。

5　生きた細胞内の蛋白質の蛍光ラベル化

上述の発蛍光ラベル化法は，優れた発蛍光特性と高い特異性を併せ持ち，既存のラベル化法と比較して優位な点を有していた。そこで次に，細胞内蛋白質のラベル化に取り組んだ。これまでに開発したラベル化プローブはペニシリン，セファロスポリン誘導体ともにカルボキシ基を有し

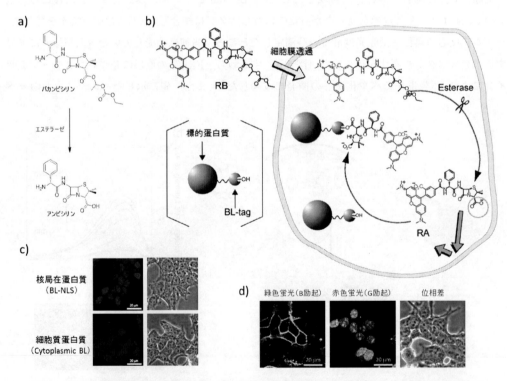

図5　a) バカンピシリンの構造。b) バカンピシリンを母核とする蛍光ラベル化プローブRBの構造と細胞内蛋白質のラベル化機構。c) RBによる核局在蛋白質（上）と細胞質蛋白質（下）の蛍光ラベル化（左：共焦点蛍光顕微鏡像，右：位相差顕微鏡像）。d) 異なる蛍光色で同一タグ蛋白質の局在の違いを識別する蛍光ラベル化

第9章 機能性分子設計に基づく蛋白質の蛍光ラベル化

ており，その負電荷により十分な細胞膜透過性を有していなかった。一方，そのカルボキシ基はβ-ラクタマーゼの基質認識に重要であり，除くことはできない。そこで，カルボキシ基を保護基で保護し，細胞内で自動的に活性化する化合物の開発を考えた。このような膜透過型化合物への誘導体化戦略は，細胞内の金属イオンを可視化する蛍光プローブ開発において一般的であり，カルボキシ基の保護基としてはアセトキシメチル基が汎用されている。一方，筆者らは開発した蛍光ラベル化プローブの母化合物（アンピシリン）が臨床医薬として用いられており，腸管吸収性を改善させた様々なアンピシリン誘導体が既に開発されていることに着目した。バカンピシリン（図5a）は，すでに臨床医薬として用いられているアンピシリンのプロドラッグで，生体内で非特異的エステラーゼによりエステル加水分解を受けるとアンピシリンが生成する。同様の加水分解は，細胞内エステラーゼによっても起こると予想される。

そこでバカンピシリンを出発原料として新たな蛍光ラベル化プローブRBをデザイン・合成した（図5b）[11]。RBはバカンピシリンをその基質構造として有しているため，アンピシリン型プローブRAよりも高い細胞膜透過性を示すと予想された。細胞内に透過すると細胞内のエステラーゼによって加水分解を受け，RAが生成する仕組みである。RAは高い特異性でBL-tagにラベルできることが分かっているので，この手法で細胞内蛋白質の特異的ラベル化ができると考えた。細胞内の標的蛋白質としてはBL-tagを核に局在させたもの（BL-NLS）と細胞質に存在させたもの（Cytoplasmic BL）の2種類を作製し，HEK293T細胞内に発現させた。ここに，RBを添加したところRBは高い細胞膜透過性を示し，核局在蛋白質と細胞質蛋白質の双方について蛍光ラベルできることを共焦点顕微鏡で確認した（図5c）。また，RBの他にも緑色蛍光を発するフルオレセインを持つラベル化プローブFB-DAを開発し，細胞内蛋白質の蛍光ラベル化が可能であることを示している。この化合物においては，フルオレセイン自身が中性水溶液中でジアニオン構造を取ることから，二つの水酸基をアセチル基で保護して初めて膜透過性を示すことがわかった。

一方，RBやFB-DAとBL-tagとの反応は，RA，FAと比較すると非常に遅いことが分かった。そのため，同濃度のRBとFAを混合してBL-tagと反応させるとほぼ選択的にFAのみがラベル化された。そこで，同じタグを有する細胞外の蛋白質と細胞内の蛋白質を別々の蛍光色で染め分けられると考えた。細胞膜上に発現するBL-EGFRと核に局在するBL-NLSをHEK293T細胞に同時に発現させ，ここに100nMのFAとRBを同時に添加し，インキュベーションした。その結果，細胞膜上の蛋白質を緑色蛍光で，細胞核に局在した蛋白質を赤色蛍光でそれぞれラベル化した顕微鏡像が得られた（図5d）。このような局在の違いによって同じタグを異なる蛍光色で区別してラベル化する技術は，細胞内蛋白質の局在や挙動を調べる上での重要なツールになると期待される。

蛍光イメージング／MRI プローブの開発

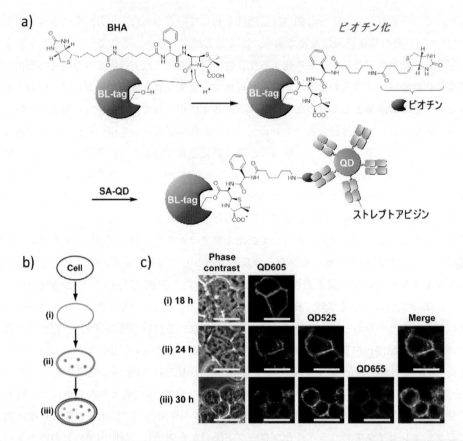

図6 a) ビオチンラベル化プローブ BHA の構造と蛍光量子ドットラベル化の概要。b) パルスチェイスラベリングの概要。c) BHA と SA-QD（QD：QD605, QD525, QD655 の三種類, 数字は蛍光波長を表す）を用いた BL-EGFR のパルスチェイスラベリング

6　ビオチン化プローブと蛍光量子ドットを用いたパルスチェイス実験

　最後に，蛋白質のラベル化技術の応用例を一つ紹介する。パルスチェイスと呼ばれる実験手法は，ある特定の時間に発現している蛋白質のみをラベル化し，その後の挙動を追跡する手法である。異なる時点において異なる蛍光色でラベル化することで，発現時間の異なる蛋白質の挙動を独立して追跡することが可能になる。この実験の目的のために，新たにビオチンラベル化プローブ BHA を開発した[12]。ビオチンはストレプトアビジンと強固に結合することから，図6a に示すように市販のストレプトアビジン修飾蛍光量子ドット（SA-QD）を用いることで，標的蛋白質を様々な蛍光色の QD でラベル化することができる。

　実験では，BL-EGFR を発現させるプラスミドをトランスフェクションしてから 18, 24, 30 時間後に，それぞれ異なる蛍光色の QD でラベルし（図6b），各々の蛋白質の挙動を共焦点顕微鏡で追跡した。その結果，異なる時間に発現している蛋白質が細胞内に移行していく様子をマル

第9章　機能性分子設計に基づく蛋白質の蛍光ラベル化

チカラー蛍光観察することに成功した（図6c）。パルスチェイス実験を通常の蛍光蛋白質を用いて行うのは困難であり，蛍光ラベル化技術が強みを発揮する実験である。また，ストレプトアビジン修飾機能性分子は多くの種類が市販されており，ビオチン化プローブBHAは非常に広範囲な応用を可能にすると考えられる。

7　まとめ

　以上，筆者らの研究室で開発してきた「蛋白質の蛍光ラベル化法」について紹介した。β-ラクタマーゼを改変したタグ蛋白質は，様々な利点を備えており，ラベル化プローブを精密に分子設計することによって，様々な応用が可能であることを示してきた。市販のラベル化技術と比較して最も有望な点の一つが発蛍光型のラベル化プローブデザインであり，洗浄操作の不要なラベル化技術は様々な応用実験を可能にすると考えられる。ごく最近，SNAP-tagを用いた発蛍光ラベル化法[13]も報告されたが，複数のラベル化技術の利用可能選択肢は複数の蛋白質の同時解析が可能であることを意味しており，ユーザーにとっては大きな利点となるだろう。また，本稿では触れなかったが，FRETとは異なるメカニズムの発蛍光ラベル化プローブ[14]や希土類蛍光錯体を用いた時間分解蛍光イメージング法[15]の開発も行っているので，興味のある方は参考文献をご覧頂きたい。

　本ラベル化技術のもう一つの特長は，基質となるβ-ラクタム化合物に関して医薬化学分野で膨大な研究がなされていることである。本稿ではそれらの一つであるアンピシリンのプロドラッグであるバカンピシリンを用いた細胞内蛋白質のラベル化法について紹介したが，既存のβ-ラクタム化合物を精査することによって，まだまだ様々な機能を持ったプローブ開発へと展開できると考えている。筆者らは本研究で紹介した蛋白質のラベル化技術が，ポストゲノム時代に求められる「生きた状態における生体分子の機能解明」のための強力なツールになることを確信しており，できるだけ多くの医学・生物学研究者に本技術を利用して頂きたいと考えている。

文　　献

1) Chudakov, D. M., Lukyanov, S., & Lukyanov, K. A., *Trends Biotechnol.*, **23**, 605-613 (2005)
2) Chen, I. & Ting, A. Y., *Curr. Opin. Biotechnol.*, **16**, 35-40 (2005)
3) Griffin, B. A., Adams, S. R., & Tsien, R. Y., *Science*, **281**, 269-272 (1998)
4) Los, G. V. *et al.*, *ACS Chem. Biol.*, **3**, 373-382 (2008)
5) Matagne, A., Lammote-Blasseur, J., & Frere, J. M., *Biochem. J.*, **330**, 581-598 (1998)
6) Guillaume, G., Vanhove, M., Lammote-Blasseur, J., Ledent, P., Jamin, M., Joris, B., & Frere, J. M., *J. Biol. Chem.*, **272**, 5438-5444 (1997)

7) Adachi, H., Ohta, T., & Matsuzawa, H., *J. Biol. Chem.*, **266**, 3186-3191 (1991)
8) Mizukami, S., Watanabe, S., Hori, Y., & Kikuchi, K., *J. Am. Chem. Soc.*, **131**, 5016-5017 (2009)
9) Watanabe, S., Mizukami, S., Hori, Y., & Kikuchi, K., *Bioconjug. Chem.*, **21**, 2320-2326 (2010)
10) Mizukami, S., Watanabe, S., Akimoto, Y., & Kikuchi, K., *submitted*.
11) Watanabe, S., Mizukami, S., Akimoto, Y., Hori, Y., & Kikuchi, K., *Chem. Eur. J.*, **17**, 8342-8349 (2011)
12) Yoshimura, A., Mizukami, S., Hori, Y., Watanabe, S., & Kikuchi, K., *ChemBioChem*, **12**, 1031-1034 (2011)
13) Komatsu, T., Johnsson, K., Okuno, H., Bito, H., Inoue, T., Nagano, T., & Urano, Y., *J. Am. Chem. Soc.*, **133**, 6745-6751 (2011)
14) Sadhu, K. K., Mizukami, S., Watanabe, S., & Kikuchi, K., *Chem. Commun.*, **46**, 7403-7405 (2010)
15) Mizukami, S., Yamamoto, T., Yoshimura, A., Watanabe, S., & Kikuchi, K., *Angew. Chem. Int. Ed.*, (2011) *in press*.

第10章 蛋白質イメージングを指向した小分子プローブの開発

水澤圭吾[*1], 浜地 格[*2]

1 はじめに

蛋白質は生体内において物質変換・運搬・情報伝達などといった生命維持のための重要な役割を担う生体分子である。したがって，蛋白質機能の異常により疾病が引き起こされることもある。蛋白質イメージングを行うことは，生命現象の解明だけでなく疾病診断などにも繋がる非常に意義深いものである。

現在蛋白質イメージングでは，対象とする蛋白質をコードする遺伝子に Green Fluorescent Protein（GFP）に代表される蛍光性蛋白質の遺伝子コードを組み込んだプラスミドを細胞内に導入することによって，細胞内で発現した目的蛋白質に融合された蛍光蛋白質の蛍光を観察する手法が主に用いられている[1]。この手法によってこれまでに様々な蛋白質の局在や挙動が明らかにされてきた。しかし，ここで観察している蛋白質には，サイズの大きい蛍光蛋白質が融合されているために目的蛋白質の機能に障害が生じている可能性が危惧される。また人為的に操作した外来遺伝子を用いて発現させているために蛋白質の発現量などが天然状態とは異なっている可能性も考えられる。そのため，遺伝子操作を行わずに，内在性蛋白質つまり細胞や生体内で本来発現している蛋白質そのものを検出対象にして解析することの重要性が再認識されてきている。遺伝子操作を伴わずに内在性蛋白質をイメージングするためには，標的蛋白質を選択的に認識し結合できるプローブを用いることが非常に有用である。その条件を満たすプローブの中で，免疫染色で用いられるような合成蛍光色素を修飾した抗体は標的に対する高い親和性を持つために，選択性の高いイメージング用プローブとなる。しかしながら，サイズの大きい抗体は細胞内導入が困難であり，細胞内に存在する蛋白質を標的としたイメージングには適用し難い。その一方で，合成蛍光色素を用いた小分子プローブの開発も盛んに行われている。蛍光性小分子プローブは低分子であるために細胞膜を透過する場合も多く，細胞内の蛋白質イメージング用プローブとしては魅力的である。しかし，小分子プローブを実用的なものにするためには，抗体が持つような標的特異的な認識能を持たせる分子設計が求められる。また極微量の標的分子を検出するためには，標的蛋白質認識時において蛍光強度や蛍光波長が変化するスイッチング設計戦略も併せて求められる。

[*1] Keigo Mizusawa　京都大学大学院　工学研究科　合成・生物化学専攻　博士課程3年
[*2] Itaru Hamachi　京都大学大学院　工学研究科　合成・生物化学専攻　教授

蛍光イメージング／MRI プローブの開発

筆者らは近年，細胞や生体での蛋白質イメージングを指向し，標的特異的な蛍光性小分子プローブの開発および蛍光オフオン型蛋白質検出法の構築を行ってきた。本章においては，最近の研究の成果である①ハイパーリン酸化蛋白質の選択的検出，②自己会合／解離を作動原理とした蛋白質検出用蛍光オフオンプローブの開発，について述べる。

2 ハイパーリン酸化蛋白質検出用プローブ

蛋白質のリン酸化・脱リン酸化は，細胞内シグナル伝達における非常に重要な伝達制御機構であり，キナーゼ活性や蛋白質間相互作用の制御に関わっている。近年，蛋白質リン酸化現象の解明が進むにつれ，1つの蛋白質が多くのリン酸化を受けるハイパーリン酸化がシグナル伝達制御に重要であることが明らかとなってきた[2]。また細胞機能に必須なハイパーリン酸化が起こっている一方で，疾病に関連するハイパーリン酸化が起こることも知られている。神経細胞に多く存在しているタウ蛋白質は微小管結合蛋白質であり，正常時においては微小管の形成と安定化に寄与している。しかし，アルツハイマー病などの神経変性疾患時においては，タウ蛋白質は 30 箇所以上にもわたるハイパーリン酸化を受け，微小管との結合能を失って自己凝集を起こす。それにより，形成された不溶性繊維が脳内に蓄積される。この現象は神経原繊維変化と呼ばれており，アミロイド β の蓄積による老人斑と共にアルツハイマー病の病理学的特徴として知られている[3]。そのようなハイパーリン酸化蛋白質を選択的に検出することが可能となる蛍光プローブの創製が可能となれば，シグナル伝達の可視化やアルツハイマー病などの神経性疾病診断・発病機構の解明を行うための分子ツールとなることが期待される。

2.1 ハイパーリン酸化蛋白質選択的なプローブ

筆者らは，初期の研究においてハイパーリン酸化蛋白質への認識を目的として，図 1 に示した

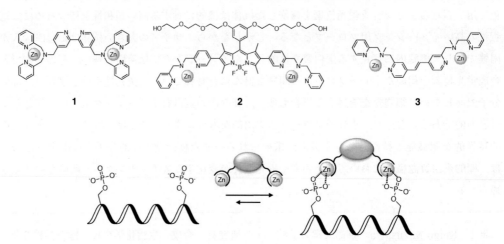

図 1 ハイパーリン酸化蛋白質検出用プローブによるビスリン酸化ペプチドの架橋型認識

第10章　蛋白質イメージングを指向した小分子プローブの開発

ようにリン酸基認識部位となる dipicolylamine-Zn(II) 錯体 (Zn(II)-Dpa) を用いたプローブ1を報告している[4]。プローブ1は 2, 2'-bipyridine をスペーサーとして両端に Zn(II)-Dpa 錯体を有しており，蛋白質上の離れた2つのリン酸基を架橋型で認識できるように設計されている。プローブ1はビスリン酸化ペプチドに対し高い親和性（K_d = 約 $1\,\mu M$）を有していたが，柔軟性に富むプローブ構造であるためにリン酸化ペプチドへの結合に伴う蛍光変化量は小さく，また (i, i + n) (n = 4, 8, 12) の位置にリン酸化されたペプチドのいずれに対しても結合が可能であった。この配列選択性の欠如は非特異的な結合を起こす要因となり，また感度の点においても高感度な検出を行うことは困難であった。リン酸基の位置選択的な認識が可能であり，かつ大きな蛍光変化を示すプローブの開発が望まれた。近年我々は，プローブ1の分子構造を基にしてスペーサー部位の改変を行い，リン酸化配列選択的に応答するプローブ2，3の開発に成功した。

プローブ2では，中央のスペーサーに蛍光量子収率の高い色素である BODIPY を有しており，その色素に直接 Zn(II)-Dpa 錯体が繋がった構造になっている。タウ蛋白質のリン酸化ペプチド断片に対する蛍光滴定を行った結果，プローブ2は (i, i + 4) の位置にリン酸基を有するペプチドに対し高い親和性（K_d = 数 μM 程度）を示すことが明らかとなった[5]。一方，Zn(II)-Dpa 錯体がジアザスチルベン構造に含まれる構造となっているスペーサーの短いプローブ3では，(i, i + 1) の位置にリン酸基を有するペプチドに対し高い親和性（K_d = 数 μM）を示した[6]。興味深いことに，プローブ3はビスリン酸化ペプチドとの相互作用に伴ってレシオ型で蛍光波長を変化させる特性も有している。

2.2　リン酸化タウ蛋白質イメージング

上節のプローブ2を用いて，人工的にリン酸化を施したタウ蛋白質凝集体（～6リン酸基，p-Tau）およびリン酸化されていないタウ蛋白質凝集体（n-Tau）に対する親和性を評価した結果，図2a に示すように EC_{50} にして n-Tau に対し 80 nM であったのに対し，p-Tau に対しては 9 nM という高い親和性を示した。この親和性の違いは，p-Tau のリン酸基とプローブ2との相互作用によるものと思われる。興味深いことにプローブ2はアミロイド繊維に対しては更に弱い親和性（EC_{50} = 650 nM）しか示さなかった。このことから，脳内蓄積される蛋白質凝集体の中でリン酸化タウ蛋白質のみをプローブ2によって選択的に検出することが可能であるものと期待される。実際に，ヒトのアルツハイマー脳切片をプローブ2溶液に浸した後に，簡単に洗浄し蛍光顕微鏡により観察を行ったところ，図2b に示すように斑点状の蛍光画像が見られ，リン酸化タウ蛋白質に対する抗体による免疫染色画像と非常によい一致を示した。これに対しアミロイド繊維に対する抗体による免疫染色画像とは明らかに異なるイメージであった。また，予め脱リン酸化処理を行ったアルツハイマー脳切片にプローブ2を作用させた場合では，脳切片上から蛍光はほとんど観測されなかった。以上より，プローブ2はリン酸化タウ蛋白質のリン酸基と相互作用し，その蛋白質凝集体の選択的な蛍光可視化を可能にすることが明らかとなった。これらの結果は，シグナル伝達を含めた細胞機能異常の結果として生じる病理バイオマー

蛍光イメージング／MRIプローブの開発

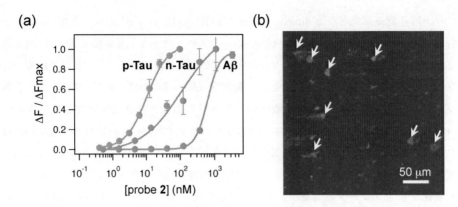

図2 (a)タウ蛋白質およびアミロイド凝集体に対するプローブ2の蛍光滴定実験，(b)プローブ2を用いたヒトアルツハイマー脳切片におけるリン酸化タウ蛋白質凝集体選択的蛍光染色
矢印した箇所でリン酸化タウ蛋白質抗体とプローブ2の局在がよく一致している。

カー検出の簡便なツールを開発できたという点で非常に意義深いものと考えられる。今後は，脳切片での利用に留まらず，*in vivo* での応用を指向した検討が必要となっている。

3 自己会合／解離を作動原理とした蛋白質検出用蛍光オフオンプローブ

上節における蛍光プローブでは，特異的な認識能を有しているものの，標的蛋白質に対する蛍光応答能はせいぜい4倍程の蛍光増加であった。実際に，細胞内や生体内での蛋白質イメージングを行うためには，プローブの選択性のみならず高感度検出を可能にする手法が求められる。蛋白質の高感度検出を可能にするためには，標的蛋白質存在下でのみに蛍光が発せられるようなスイッチング型の「蛍光オフオンプローブ」が非常に有用となる。これまでに蛍光オフオン型蛋白質検出の例としては，疎水性化合物に親和性を有する蛋白質である Bovine serum albumin (BSA) を標的とした例が多く報告されている[7]。例えば蛍光色素である squaraine (SQ) は BSA に対し親和性を有しており，SQ が BSA に結合することで約80倍もの蛍光増加を示す。しかし，このような蛋白質と蛍光色素の親和性を利用した手法では，蛍光変化の主な駆動力が蛍光色素・蛋白質間の非特異的な疎水性相互作用によるため，蛋白質種に対する選択性は乏しい。一方で，特定の蛋白質に対して高い親和性を持つペプチドリガンドを用いた Beacon 型蛍光プローブの開発もなされているが，蛋白質に対するリガンドを用いていることから高い選択性を有しているものの，pyrene excimer や fluorophore-quencher を用いても劇的な蛍光変化を示さないのが現状である[8]。このように種々の蛋白質の検出法の報告がなされているが，高選択性かつ高感度を兼ね備えた手法の開発は依然発展途上であると言える。

近年筆者らは，その両特性を兼ね備えた蛋白質検出法の開発を目的として，図3aに示すように蛋白質リガンドと蛍光色素を連結した両親媒性プローブの自己会合／解離を作動原理とした蛍光オフオン型蛋白質検出法を開発した[9]。一般的に蛍光色素は会合することで消光することが知

第10章 蛋白質イメージングを指向した小分子プローブの開発

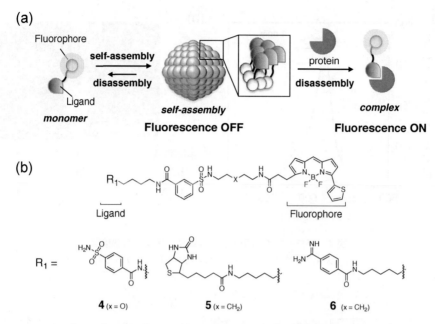

図3 (a)プローブの自己会合／解離による蛍光オフオン型蛋白質検出法，(b)hCA, avidin および trypsin 検出用自己会合型蛍光オフオンプローブ

られている。そのため，プローブの親水部に蛋白質リガンドを，疎水部には疎水性蛍光色素を用いた両親媒性の蛍光プローブを用いることで，標的蛋白質非存在下では，プローブが会合体を形成し蛍光オフ状態となる。これに対して標的蛋白質存在下では，プローブのリガンド部位が蛋白質によって認識されることで，会合体の崩壊を引き起こし，それに伴い蛍光が回復する。実際に，図3bに示したヒト由来炭酸脱水酵素（human carbonic anhydrase；hCA）の阻害剤である benzenesulfonamide と疎水性蛍光色素である BODIPY 558/568 をリンカーで連結したプローブ 4 は，図4に示したようにプローブ単独では水中で約 100 nm サイズの球状会合体を形成しほとんど蛍光を示さなかった。一方で，hCA 存在下ではプローブの会合体の崩壊に伴いプローブの蛍光が約 38 倍にまで増大する挙動が見られた。興味深いことに，蛍光がオン状態つまり hCA に認識された状態にあるプローブ 4 と hCA を含む溶液に，より親和性の高い hCA 阻害剤である 6-Ethoxy-benzothiazole sulfonamide（EZA）を添加したところ再度消光する様子が観測された。このことは，hCA に認識されている状態にあるプローブが hCA の活性ポケットから追い出されることによって再び水中で会合体を形成したことを意味する。つまり，プローブ 4 は蛋白質検出において可逆性を有しているオフオン型ナノプローブであることを示しており，細胞や生体での蛋白質イメージングにおいて活性をもつ標的蛋白質のみを動的に観察することが可能となるものと期待できる。プローブのリガンド部位を Avidin に親和性のある biotin や Trypsin に親和性のある benzamidine に置換したプローブ 5，6 でも同様に，それぞれの標的蛋白質を蛍光オフオン型で検出することが可能であった。また，これらのプローブの標的蛋白質に対する直交性

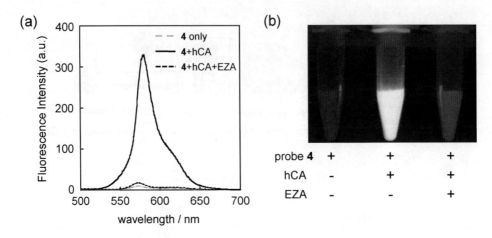

図4 プローブ4を用いたhCAの蛍光オフオン型検出
(a)蛍光スペクトル，(b)UVランプ照射下における写真

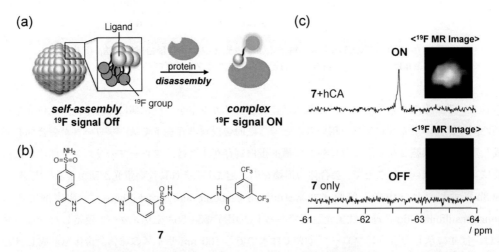

図5 (a)自己会合／解離による¹⁹F-NMRシグナルオフオン型蛋白質検出，(b)hCA検出用¹⁹F-NMRプローブ，(c)プローブ7の¹⁹F-NMRスペクトルおよび¹⁹F-MRI画像

について検討した結果，どのプローブも標的蛋白質のみにしか蛍光応答を示さなかったことから，高い選択性と高感度検出能を兼ね備えたプローブであることが明らかとなった。

また筆者らは，ここで述べた自己会合型プローブによる蛋白質検出原理が蛍光プローブのみならず，図5にあるように次世代型の分子イメージング手法として近年注目を集めている¹⁹F-NMR/MRIプローブにも拡張可能であることも併せて見出している[10]。上記にある蛍光色素部位を¹⁹F核を有する3,5-bis(trifluoromethyl)benzene骨格に交換したプローブ7では，プローブ単独では水中で球状会合体を形成し，¹⁹F-NMRシグナルが検出されなかった（オフ状態）。この現象は，ナノメートルサイズの会合体の形成により見かけの分子量が劇的に増大し，横緩和時

第 10 章　蛋白質イメージングを指向した小分子プローブの開発

間が短縮されたことに由来する。一方で，標的蛋白質存在下においては，会合体の崩壊に伴い ^{19}F-NMR シグナルがオン状態になる。実際に，このシグナル応答は ^{19}F-MRI による画像データとしての取得が可能であり，また赤血球内在性の hCA を ^{19}F-MRI によりイメージングすることにも成功している。

プローブの自己会合／解離によって ^{19}F-NMR シグナルオフオン型での蛋白質検出が可能であったことから，本検出システムは蛍光と ^{19}F-NMR/MRI の検出モダリティを有する蛋白質検出法であるといえる。最近，電解質ポリマーと両親媒性化合物からなるミセルやデンドリマーミセルの会合／解離機構を用いた蛋白質検出法が Thayumanavan らによって報告されている[11]。彼らの手法は，蛋白質の表面電荷などをミセル内に内包した蛍光色素の放出量により検出するものであり，蛋白質選択性は低いもののプローブの構成成分であるポリマーや両親媒性化合物，また内包する蛍光色素に応じて蛋白質のパターン解析を行うことが可能である。筆者らが開発した手法も含め超分子化学をベースとした蛋白質検出へのアプローチは，蛋白質イメージングの新しい手法としての展開が期待される。

4　おわりに

本章では，筆者らが最近開発した蛋白質イメージングを目指した小分子プローブのいくつかに関して解説した。紹介したように高感度検出を可能にする検出ユニットと標的蛋白質に対する高い認識選択性をプローブに組み込むことによって，イメージングツールとして十分な機能を果たすものと考えられる。本章に記載したプローブは，まだ発展段階にあるが，分子デザインによっては生きたままでの個体や細胞における蛋白質イメージングが実現可能になるものと考えられる。プローブ開発の点においては化学の分野が占める割合が大きいが，化学から生物学や医学にまで広がっているイメージング分野が人々のライフクオリティの向上に貢献する研究分野として更に発展することを望む。

文　　献

1) (a) K. A. Lukyanov et al., *Trends Biotechnol*, **23**, 60 (2005)；(b) K. A. Lukyanov et al., *Physiol Rev*, **90**, 1103 (2010)
2) (a) L. Sistonen et al., *Trends Biochem. Sci.*, **27**, 619 (2002)；(b) X. -J. Yang, *Oncogene*, **24**, 1653 (2005)
3) D. J. Selkoe, *Nat. Cell. Biol.*, **6**, 1054 (2004)
4) I. Hamachi et al., *J. Am. Chem. Soc.*, **125**, 10184 (2003)
5) I. Hamachi et al., *J. Am. Chem. Soc.*, **131**, 6543 (2009)

6) I. Hamachi *et al., Chem.Commun.*, 2848 (2009)
7) (a) D. Ramaiah *et al., J. Am. Chem. Soc.*, **128**, 6024 (2006) ; (b) Y. Pang *et al., J. Phys. Chem. B*. **114**, 8574 (2010) ; (c) G. Das *et al., Chem. Commun.*, **46**, 2079 (2010)
8) (a) K. W. Plaxco *et al., J. Am. Chem. Soc.*, **128**, 14018 (2006) ; (b) O. Seitz *et al., J. Am. Chem. Soc.*, **129**, 12693 (2007)
9) I. Hamachi *et al., J. Am. Chem. Soc.*, **132**, 7291 (2010)
10) (a) I. Hamachi *et al., Nat. Chem.*, **1**, 557 (2009) ; (b) I. Hamachi *et al., J. Am. Chem. Soc.*, **133**, 11725 (2011)
11) (a) S. Thayumanavan *et al., J. Am. Chem. Soc.*, **130**, 5416 (2008) ; (b) S. Thayumanavan *et al., J. Am. Chem. Soc.*, **131**, 7708 (2009) ; (c) S. Thayumanavan *et al., J. Am. Chem. Soc.*, **131**, 14184 (2009)

第11章 酵素活性を検出する ^{19}F MRI プローブの開発

水上　進[*1]，菊地和也[*2]

1　序論

　高感度，汎用性など優れた特性によりイメージングにおける汎用技術となった蛍光イメージングにおいて，未解決の問題が組織透過性である。一般的に可視光は生体内の物質により強く散乱されるため，生体深部を紫外・可視領域の光で見ることはほとんど不可能に近い。そこで近年，原理的に組織深部を画像化できる MRI（Magnetic Resonance Imaging：磁気共鳴イメージング）が注目を集めている。MRI は臨床でも使用されているように，高解像度で生体深部を画像化できる。その空間分解能は体表面からの距離には依存せず，深部であってもシグナルの劣化は起こらない。臨床の MRI は水素原子を検出する ^{1}H NMR に基づいている。それゆえ，生体を測定したときの MRI 画像は，生体内に存在する水をはじめとする様々な分子の水素原子を見ている。臨床 MRI 診断では水分子の量や運動性などの違いをシグナルコントラスト変化として描出し，様々な病気の診断に利用している。いわば MRI は生体深部の「形態」の可視化に大変優れた手法である。

　一方，蛍光イメージングにおける技術革新がイオンの流れや酵素活性のような目に見えない「機能」の可視化を実現したのと同様に，現在では見る術のない生体深部の「機能」を MRI によって可視化できれば，様々な生体分子の機能解明が一気に進展するだろう。それゆえ近年，生きた動物個体内の生体分子機能を MRI で検出する試みが注目されている。特に「酵素活性の MRI 検出」に関しては，T. J. Meade らによって先駆的な研究がなされている[1]。彼らは，巧妙に設計された MRI プローブを用いて，アフリカツメガエル（*Xenopus laevis*）の胚で見られる加水分解酵素の活性を，^{1}H MRI で可視化している。このような ^{1}H MRI による酵素活性の可視化研究は報告例は非常に少ないものの，極めて重要な研究と位置付けられている。しかしながら，^{1}H MRI は体内の水や脂肪などの水素原子を検出する手法であるため，常に内在性のバックグラウンドシグナルが観察される。よって，微弱なシグナル検出の際には，バックグラウンドシグナルとの区別が問題となる。

　そこで，筆者らが注目したのが ^{19}F MRI である[2]。^{19}F は天然存在比率が 100% のフッ素の安定同位体であり，^{1}H に匹敵する高い磁気回転比を持つことから，比較的高感度の NMR 測定が可能な核種である。フッ素は生体内には歯や骨以外にはほとんど存在せず，内在性のバックグラ

---

*1　Shin Mizukami　大阪大学　大学院工学研究科　生命先端工学専攻　准教授
*2　Kazuya Kikuchi　大阪大学　大学院工学研究科　生命先端工学専攻　教授

蛍光イメージング／MRI プローブの開発

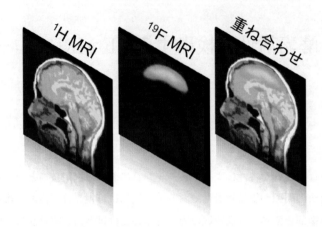

図1　^{1}H MRI と ^{19}F MRI 画像の重ね合わせによるフッ素化合物の体内局在の可視化

ウンドシグナルは検出限界以下である．それゆえ，フッ素原子を含む化合物を動物に投与し ^{19}F MRI 測定を行うと，投与化合物の ^{19}F MRI シグナルのみを選択的に検出できる．得られた ^{19}F MRI 画像を，解剖学的情報を与える ^{1}H MRI 画像と重ね合わせることで，動物個体内におけるフッ素化合物の局在を知ることができる[3]（図1）．ここで，もしフッ素化合物の ^{19}F MRI シグナル強度を酵素活性などで変化させることができれば，生体深部の酵素活性を見ることができる．そこで，筆者らはまず加水分解酵素活性を ^{19}F MRI シグナルへと変換する原理の開発に着手した．

2　加水分解酵素活性の ^{19}F MRI 検出の原理

最初に MRI の測定原理について簡単に説明する．MRI 画像とは，化学分野で分子の構造解析に用いられている核磁気共鳴（NMR）のシグナルを三次元空間の各単位領域（ボクセル）からの寄与に分解し，それをコンピュータ上で三次元画像として再構成したものである．x・y・z軸のそれぞれに磁場勾配をかけると，観測核（通常は水の ^{1}H）の NMR の共鳴周波数または位相が各点において異なってくる．これにより三次元的な大きさを持つ物体の各空間位置からの NMR シグナルを分離して検出することができる．

では MRI シグナルの強度はどのように決まるのだろうか．恐らく予想されるであろうが，原子核の存在量は重要なパラメータである．それ以外に MRI シグナル強度に影響を与えるパラメータとして緩和時間が挙げられる．緩和時間には，縦緩和時間 T_1 および横緩和時間 T_2 の2種類があり，このうち T_2 が短くなると MRI シグナル強度は低下する（図2）．特に T_2 が非常に短くなると MRI シグナルは消失する．よって，何らかの仕組みによって T_2 の長さを制御できれば，MRI シグナルの ON/OFF を制御できることになる．特に，酵素反応の前後で MRI シグナルを OFF から ON に変化させることができれば，酵素活性の MRI 検出が可能になるはずで

第11章　酵素活性を検出する ¹⁹F MRI プローブの開発

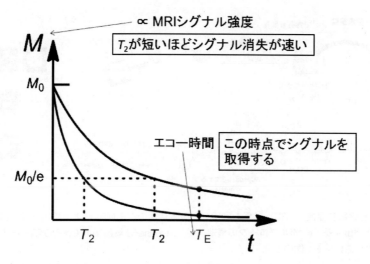

図2　横緩和時間 T_2 と MRI シグナル強度（NMR においても同様）の関係

ある。

T_2 を変化させる要素は幾つかあるが，筆者らは常磁性緩和促進（Paramagnetic Relaxation Enhancement：PRE）効果と呼ばれる物理現象に着目した。PRE 効果は，常磁性物質が持つ不対電子スピンの影響で近傍に存在する NMR 観測核の T_1 および T_2 が短縮する現象である[4]。常磁性物質の種類によってその強度は異なるが，Gd^{3+} イオンは 4f 軌道に7つの不対電子を有するために，多くの常磁性物質の中でも PRE 効果が特に大きい。そこで，図3a に示すプローブ原理を考案した。常磁性金属イオンの Gd^{3+} と NMR 観測核種の ¹⁹F を同一分子内に修飾したプローブの T_2 は PRE によって大きく短縮し，MRI シグナルは大きく低下する。一方，加水分解酵素によって Gd^{3+} 錯体と ¹⁹F 含有官能基間のリンカーが切断されると，短縮していた T_2 が延長し，結果として ¹⁹F MRI シグナルが上昇する。このような原理により，加水分解酵素活性の ¹⁹F MRI 検出が可能になると考えた。

3　Caspase-3 活性を検出する ¹⁹F MRI プローブの開発

原理を検証するための標的酵素として，アポトーシスに関連するプロテアーゼ Caspase-3 を選択した。Caspase-3 は高い基質特異性を有し，ペプチド DEVD の C 末端のペプチド結合を特異的に加水分解する。そこで，DEVD を含むペプチドの両端に Gd^{3+} 錯体と ¹⁹F 含有官能基を修飾した化合物 Gd-DOTA-DEVD-Tfb をデザインし，液相法と固相法を組み合わせて合成した（図3b）。

Gd-DOTA-DEVD-Tfb の ¹⁹F NMR スペクトルは，Gd^{3+} をキレートしていない DOTA-DEVD-Tfb と比較して大幅なブロード化が観測された。Gd-DOTA-DEVD-Tfb を含む緩衝液

蛍光イメージング／MRI プローブの開発

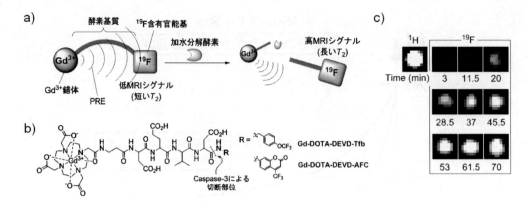

図3 a) 常磁性緩和促進（PRE）効果を利用した酵素活性の ^{19}F MRI による検出原理。b) Caspase-3 活性を検出する ^{19}F MRI プローブの構造。c) Caspase-3 添加後の Gd-DOTA-DEVD-Tfb 溶液の ^{19}F MRI ファントム像の変化

に Caspase-3 を添加したところ，^{19}F NMR ピークは時間依存的にシャープに変化した。また，Gd-DOTA-DEVD-Tfb の T_2 は算出できない程に大幅に短縮していたが，酵素添加後十分に時間が経過したサンプルでは，T_2 が 32ms まで延長していた。続いて，このプローブを用いて，Caspase-3 活性の ^{19}F MRI 検出を試みた。Gd-DOTA-DEVD-Tfb の ^{19}F MRI 画像では，シグナルが完全に消失していたが，Caspase-3 の添加後に経時的にシグナル強度が増大した（図 3c）[5]。

以上より，PRE 効果を利用して加水分解酵素活性を ^{19}F MRI によって検出する新規原理を開発し，実際に Caspase-3 活性を ^{19}F MRI で検出できることを示した。この原理は特定の酵素だけでなく，様々な加水分解酵素へ応用できると考えられる。そこでこの原理の一般性を示すために，他の酵素活性の ^{19}F MRI 検出を試みた。

4　^{19}F MRI による細胞内遺伝子発現の可視化

分子イメージングのターゲットとして，その可視化法の開発が強く求められているのが遺伝子発現である。これは，遺伝子治療などにおいて外から導入した遺伝子の発現を調べるという直接的な目的の他に，蛋白質間相互作用などをレポーター遺伝子と呼ばれる遺伝子の発現を介して調べる目的等，幅広い研究において極めて有用だからである。生物学研究の中で最も広く使われているレポーター遺伝子の一つが lacZ である。lacZ は大腸菌の遺伝子で，β-galactosidase（β-gal）と呼ばれる分子量 465kDa の四量体蛋白質をコードしている。β-gal は β-ガラクトシド結合を有する基質を加水分解することから，様々な発色・発蛍光試薬（一例として X-Gal を図 4a に示す）が開発されている。そこで，この酵素の基質特異性を利用して，β-gal 活性を ^{19}F MRI で検出するプローブとして Gd-DFP-Gal をデザインした（図 4b）。Gd-DFP-Gal もその分子内 PRE 効果により ^{19}F MRI シグナルは抑制されている。lacZ が細胞内で発現して β-gal 活性が上

第11章 酵素活性を検出する ^{19}F MRI プローブの開発

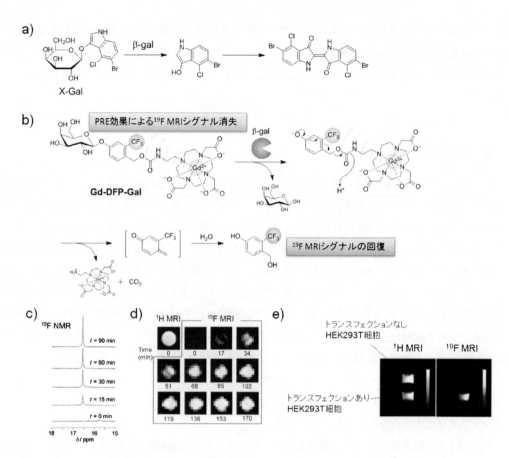

図4 a) X-Gal の構造と β-gal の活性検出機構。b) β-gal 活性を検出する ^{19}F MRI プローブ Gd-DFP-Gal の分子デザイン。c, d) β-gal 添加による Gd-DFP-Gal 溶液の ^{19}F NMR(c)および ^{19}F MRI(d)の時間変化。e) HEK293T 細胞内の遺伝子発現の ^{19}F MRI 検出

昇すると,Gd-DFP-Gal の β-ガラクトシド結合を加水分解し,続いて起こる自動分解反応によって,Gd 錯体と ^{19}F 含有官能基が離れるように設計してある。これにより,Gd-DFP-Gal はレポーター遺伝子 *lacZ* の発現によって上昇した β-gal 活性を ^{19}F MRI で検出できると考えた。

合成した Gd-DFP-Gal を中性緩衝液に溶解し,^{19}F MRI 画像を撮像したところ,予想通り ^{19}F MRI シグナルは完全に消失していた。^{19}F NMR ピークに関しても完全に消失しており,Gd-DFP-gal は Gd-DOTA-DEVD-Tfb よりも強い分子内 PRE 効果が表れていることが示唆された。理論上,PRE 効果は常磁性核からの距離の6乗に反比例するため,Gd-DFP-Gal 中の Gd^{3+} と ^{19}F 核の距離が Gd-DOTA-DEVD-Tfb の場合より近いことを反映していると考えられる。これは分子構造からも妥当な結果である。続いて,ここに β-gal を添加したところ,^{19}F NMR はピークの出現とその強度の上昇が見られ,^{19}F MRI においては時間依存的なシグナル強度の上昇が観測された(図4c, d)。

そこで次に細胞内の遺伝子発現の可視化を試みた。*lacZ* を含むプラスミドを HEK293T 細胞

にトランスフェクションし，ホルムアルデヒドと界面活性剤で膜の可溶化処理をした後，Gd-DFP-Gal を添加したところ，トランスフェクションした細胞の培養液からのみ ^{19}F MRI シグナルが観察された（図 4e）。以上より，細胞内の遺伝子発現を ^{19}F MRI を用いて検出することに成功した[6]。

5 まとめ

本稿では，筆者らの研究室で開発してきた「^{19}F MRI による酵素活性検出法」について紹介した。^{19}F MRI は「バックグラウンドフリー」という素晴らしい長所の一方で，感度の面では光イメージングあるいは ^{1}H MRI に対して劣っており，実用化にはもう少し時間がかかるかもしれない。しかしながら，ここ 2〜3 年で ^{19}F MRI の報告数は急激に増大しており，その重要性は明らかに増大している。特に欧米を中心に，フッ素化合物ナノ粒子を用いた ^{19}F MRI 研究[3]がここ数年で大きな進展を見せており，^{19}F MRI 用試薬を製造・販売する企業も現れている。本稿で紹介した PRE 効果を用いた機能性 ^{19}F MRI プローブの研究は，それらの高感度 ^{19}F MRI 研究の流れと相まって次世代の分子イメージング技術につながるものと予想している。また本稿では触れなかったが，筆者らはより多機能なプローブとして，酵素活性を MRI シグナルと蛍光強度の双方で検出可能なデュアルモーダルプローブの開発も報告している[7]。実際に使用してみると，マルチモーダルプローブがもたらす利点は非常に大きく，そのような高機能プローブの開発は分子イメージング研究の新たな潮流となりつつある。

^{19}F MRI が直面するもう一つの課題として，^{19}F MRI の測定装置の問題が挙げられる。現在臨床で使用されている MRI 装置は ^{1}H MRI 仕様であり，^{19}F MRI は測定できない。しかしながら，^{1}H と ^{19}F の磁気回転比の値は近く，技術的なハードルは低い。^{19}F MRI の研究が進展し需要が高まれば，各装置メーカーが ^{1}H/^{19}F 互換 MRI 装置の開発に乗り出すだろう。序論でも述べたが，^{1}H MRI で解剖学的所見を測定し，同時に ^{19}F MRI によって体内局所の酵素活性等の生化学的所見を得られるようになれば，疾病の早期発見や診断の確定，さらには治療法の開発などにも大きな変革をもたらすことは間違いないであろう。

謝辞
本稿で取り上げた研究は，京都大学・白川昌宏教授，杤尾豪人准教授，横浜市立大学・杉原文徳博士（現京都大学）との共同研究であり，ここに感謝の意を表します。

第 11 章　酵素活性を検出する ^{19}F MRI プローブの開発

文　献

1) Louie, A. Y., Hüber, M. M., Ahrens, E. T., Rothbächer, U., Moats, R., Jacobs, R. E., Fraser, S. E., Meade, T. J., *Nat. Biotechnol.*, **18**, 321-325 (2000)
2) Yu, J., Kodibagkar, V. D., Cui, W., Mason, R. P., *Curr. Med. Chem.*, **12**, 819-848 (2005)
3) Ahrens, E. T., Flores, R., Xu, H., Morel, P., *Nat. Biotechnol.*, **23**, 983-987 (2005)
4) Helm, L., *Prog. Nucl. Magn. Reson. Spectrosc.*, **49**, 45-64 (2006)
5) Mizukami, S., Takikawa, R., Sugihara, F., Hori, Y., Tochio, H., Wälchli, M., Shirakawa, M., Kikuchi, K., *J. Am. Chem. Soc.*, **130**, 794-795 (2008)
6) Mizukami, S., Matsushita, H., Takikawa, R., Sugihara, F., Shirakawa, M., Kikuchi, K., *Chem. Sci.*, **2**, 1151-1155 (2011)
7) Mizukami, S., Takikawa, R., Sugihara, F., Shirakawa, M., Kikuchi, K., *Angew. Chem. Int. Ed.*, **48**, 3641-3643 (2009)

第12章 核磁気共鳴を利用した生体計測

栃尾豪人[*1], 白川昌宏[*2]

1 はじめに

NMR/MRIで用いられる数百メガヘルツ（波長数十センチ）の電磁波は，生体をほとんど損傷することなく透過する。そのため，生体深部で起こる生化学反応をNMRによって *in vivo* 計測したり，体内にある臓器の形状を画像化することが可能である。筆者らの元々の専門は，高分解能溶液NMRを使った蛋白質の構造研究であるが，NMRの生体計測に対する適合性に注目し，近年，*in vivo*/in-cellでの磁気共鳴分光法やMRIの研究も行なっている。ここで意図しているのは，蛋白質NMRの分野で発展・成熟した測定原理を生体や細胞に適用し，従来に比べて，より豊富な分子情報を獲得するための *in vivo* 計測法や分子イメージング法の実現である。本稿では，筆者らが進めてきたNMR/MRIを使った生体・細胞の計測研究について概説したい。

2 ポリリン酸MRIレポーター

MRIの特長として，生体に対しては，観測できる深度に事実上限界がないという点がある。例えば，可視光は測定対象が透明でなければ内部を観察できないし，比較的深部観測が得意な近赤外光でも，生体への透過は数ミリメートル程度である。そのため，MRIは，PETとともに，光の届かないマウスやラットの体内の構造や生化学反応をモニターし得るユニークな手法である。

筆者らは，^{31}P MRIを使った蛋白質発現のレポーターシステムの新規開発に取り組んでいる。MRI検出可能な分子レポーターシステムはすでに，複数提案されており，例えば，トランスフェリン受容体（TfR）を使ったもの[1]や，Gd錯体を利用したEgadMe[2]などがある。しかし，現状では，蛍光を使った細胞イメージングにおけるGFPにあたるような，汎用性の高いものはなく，各所で盛んに研究が続けられている。

ここで紹介するシステムでは，ポリリン酸（PolyP）と呼ばれる無機リン酸のポリマーを合成する酵素，あるいはPolyPの細胞内蓄積に関与する蛋白質をレポーター分子とする。いずれの蛋白質も，細胞内PolyP量の上昇を引き起こす。PolyPは^{31}P NMRで定量することができるため，これによってレポーター分子の発現量を間接的に見積もることが可能である。図1に示すよ

[*1] Hidehito Tochio　京都大学大学院　工学研究科　准教授
[*2] Masahiro Shirakawa　京都大学大学院　工学研究科　教授

第12章 核磁気共鳴を利用した生体計測

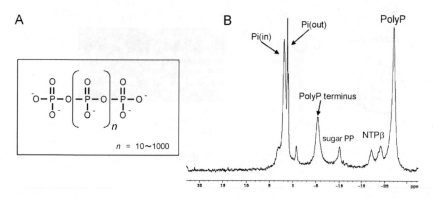

図1 A. ポリリン酸の化学構造 B. ポリリン酸（PolyP）を含む酵母の in vivo ^{31}P NMR スペクトル
Pi(in)：細胞内無機リン酸，Pi(out)：培地中のリン酸，sugar PP：糖リン酸，NTPβ：ヌクレオチド三リン酸β位のリン原子核，PolyP terminus：PolyPの末端のリン原子核

うに，PolyP の ^{31}P 核の化学シフトは細胞内に存在する無機リン酸とは大きく異なっており，容易に区別し得る。したがって，特定の遺伝子に PolyP 産生・蓄積に関与する蛋白質を繋いでやれば，その遺伝子発現を，in vivo で，^{31}P MRI/NMR で検出できると期待できる。なお，PolyP は，あらゆる生物の細胞中に含まれ，リン酸の貯蔵に関与するとされることから，特段の細胞毒性はないと考えられている。筆者らは，まず，酵母細胞を利用して PolyP レポーターシステムの原理検証実験を行った。酵母は，液胞中に PolyP を mM 以上のオーダーで蓄積するため，この目的に適している。レポーター蛋白質として，PolyP 蓄積に関わる VTC1 及び VMA2（V-ATPase のサブユニット蛋白質をコード）と呼ばれる蛋白質を選び，これらをコードする塩基配列を，様々な強度を持つプロモーター下流に繋いで，酵母中で発現させた。酵母細胞内の PolyP 量を in vivo ^{31}P NMR を用いて調べた結果，PolyP 量とレポーターの転写量の間に良好な相関が見られた。図2B は，強度の異なる様々なプロモーター配列を用いて，レポーター蛋白質を発現させた酵母細胞を，^{31}P MRI で撮像したものである[3]。酵母は培地とともにキャピラリーに封じて測定している。MRI で定量した PolyP の量は，転写量の指標となる mRNA の量とよく相関しており，VTC1 と VMA2 が有用なレポーター蛋白質になり得ることを示している。さらに，高等哺乳動物への適用を目指して，COS-7 細胞（サル由来）に大腸菌由来の PolyP 合成酵素である PPK をコードする遺伝子を導入し，PolyP が産生・蓄積されるかどうかを調べた。その結果，図3に示すように ^{31}P NMR 及び ^{31}P MRI で十分観測できる量のポリリン酸が産生された[4]。以上の研究は，横浜市大・古久保哲朗博士との共同研究である。

蛍光イメージング／MRI プローブの開発

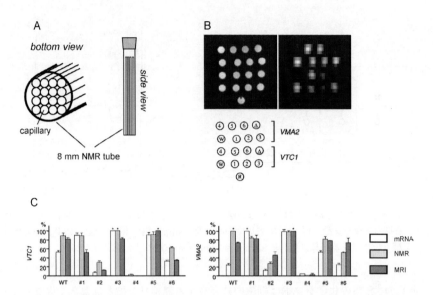

図2　A. 試料管の図。酵母カルチャーをキャピラリーに封じ，8 mm NMR 管に入れて測定する。B. キャピラリーに封じた酵母カルチャーの ^{1}H MRI 像（左）と ^{31}P MRI 像（右）。VMA2 と VTC1 のレポーターを異なる強度のプロモーターの下流に繋いである。C. mRNA 量とポリリン酸量の相関。NMR：個々のキャピラリーを in vivo ^{31}P NMR により測定，あるいは，B の ^{31}P MRI 像から PolyP 量を定量
文献(3)より転載。

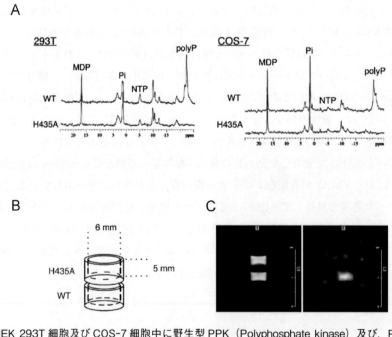

図3　A. HEK 293T 細胞及び COS-7 細胞中に野生型 PPK（Polyphosphate kinase）及び，PolyP を産生することができない H435A 変異体を発現させ，測定した in vivo ^{31}P NMR。H435A 変異体では PolyP のシグナルが見られない。B, C. PPK の野生型と変異体を発現させた HEK 293T を容器に入れて得た，^{1}H MRI 像（左）と ^{31}P MRI 像（右）
文献(4)より転載。

第 12 章　核磁気共鳴を利用した生体計測

3　^{19}F MRI のための機能性分子プローブ

　フッ素核は，生体内にほとんど存在しないうえに，^{1}H に次ぐ高い検出感度を持つ安定同位体核である。そのため，^{19}F MRI を使った分子イメージングは早くから行われてきた。一般に，分子プローブを生体に投与して，何らかの生理活性を検出するためには，検出したい生理活性の上昇・下降に応答して，MRI 信号が速やかに ON あるいは OFF されることが望まれる。^{19}F MRI でこれを実現する方法としては，例えば，新たに発現した特定の酵素によってプローブ分子の化学構造が変換され，変換前とは大きく化学シフト値が異なるようにプローブ分子を設計し，これと化学シフト選択的 MRI 撮像法を組み合わせることが考えられる。しかしながら，明瞭な画像コントラストを得るためには，それ相応の化学シフト値の変化が要求されるため，分子設計に工夫を要する。そのため，様々な生理活性の検出に簡便に展開できる，より汎用性の高いスイッチング機構の創出が求められている。筆者らは，共同研究者に恵まれ，化学シフト変化を使わないユニークなスイッチング機構を備えた二つの ^{19}F MRI プローブの研究に携わることができた。

3.1　常磁性緩和促進効果を用いた ON/OFF プローブ

　一つは，PRE（Paramagnetic Relaxation Enhancement）を利用したスイッチングプローブである。PRE とは，常磁性を示す金属イオン（Gd^{3+}，Fe^{2+}，Mn^{2+} etc.）やニトロキシドラジカルの電子スピンに由来する局所磁場が，近傍に存在する ^{1}H 等の原子核の磁気緩和に影響を及ぼし，緩和時間を短縮（＝緩和を促進）させる効果のことである[5,6]。PRE は，蛋白質の立体構造解析にも用いられている手法で，例えば，ニトロキシドラジカルを含むタグを蛋白質の特定部位に繋ぎ，蛋白質中の ^{1}H の横緩和時間（スピン−スピン緩和時間，T_2）の短縮度合いを計測する。PRE の大きさは常磁性中心と観測している核の距離の六乗に反比例するので，本測定により，常磁性中心と様々な部位にある ^{1}H との距離を知ることができ，蛋白質立体構造の情報が得られる。

　そこで，筆者らは Gd 錯体と ^{19}F 核の間を短いリンカーで繋いだ分子プローブを考案した。こうすると，Gd による PRE のため，^{19}F の横緩和時間が大幅に短縮され，NMR 信号の SN 比が低下しほとんど観測されなくなる。ここで，リンカー内に特定の酵素の切断サイトを仕込んでおくと，その酵素活性によってリンカーが切断され，^{19}F 部位が Gd から遊離する。これによって，^{19}F 核は Gd の影響下から逃れ，^{19}F NMR シグナルが回復するという仕組みである[7]。原理は異なるが，あくまで現象論的にいうと，Gd 部位は蛍光イメージングの分野の「クエンチャー」に相当すると言えよう。以上は，阪大の菊地・水上博士らとの共同研究である。詳細は，本書の水上・菊地博士らの稿を参照されたい。

3.2　高分子量効果を用いたスイッチングプローブ

　もう一つのスイッチング機構は，見かけの分子量と NMR シグナルの関係を利用したものであ

る。^{19}F NMR に限らず，溶液 NMR では，見かけの分子量が大きくなると，NMR シグナルの線幅が広がる。これは，分子量増大に伴い分子の回転が遅くなり，横緩和が促進されるためである。分子量が大きくなり，線幅が広がりすぎると，最早，NMR 信号を検出できなくなる。したがって，プローブ分子の見かけの分子量の変化を特定の生理活性と結びつけてやれば，NMR シグナルの ON/OFF が可能になる。

京大・浜地博士らの開発したプローブ分子は，解離―会合平衡を利用して見かけの分子量を変化させることによって ^{19}F シグナルのスイッチングを行なう[8]。当該プローブは両親媒性であるため，水溶液中では疎水相互作用によって巨大な会合体（見かけの分子量：10^7）を形成し，そのため，NMR シグナルが観測されない。このプローブ分子は，炭酸脱水酵素 hCA1 に特異的に結合するようにデザインされている。そのため，hCA1 が存在すると，プローブ分子は会合体から離れて，これと結合し，複合体を形成する。複合体の見かけの分子量は $3×10^4$ であり，会合体に比べて大きく減少することになる。その結果，横緩和時間が長くなり，NMR シグナルが回復するという仕組みである。

4　三重共鳴プローブ

ここまでは，^{31}P や ^{19}F といった核を利用した分子プローブについて述べてきたが，我々は ^{1}H を利用した分子プローブの開発も進めている。^{1}H は高感度であるが，^{19}F と異なり，生体には水を始め多数の ^{1}H を含む分子が存在するため，プローブ分子の信号を，不必要なバックグラウンドの ^{1}H NMR 信号から，いかにして区別するか，という工夫が必要となる。そこで，我々は ^{13}C や ^{15}N 核で標識したプローブ分子を，多重共鳴法によって ^{1}H で観測する方法の開発を進めている。多重共鳴法を利用した MRI は ^{1}H-^{13}C HMQC MRI[9]がすでに報告されているが，我々は，さらなる分子選択性の向上を目指し，同志社大・青山博士，九州大・山東博士と共同で，蛋白質の NMR 分野で利用されている多重共鳴法を MRI や in vivo NMR に適用する試みを行っている。

NMR を使った蛋白質の構造決定には，蛋白質試料の安定同位体（^{13}C, ^{15}N, ^{2}H）標識と多重共鳴法に基づく異種核相関多次元 NMR が必須の技術である。これにより，原理的には，蛋白質中の水素，炭素，窒素原子核の化学シフトを全て帰属することができ，個々の NMR 信号を区別して観測することができる。その原理の詳細は成書に譲るとして[10]，例えば，^{13}C, ^{15}N 標識された蛋白質試料に適用される，3D HNCO と呼ばれるパルス系列では，磁気コヒーレンスは蛋白質主鎖のアミド ^{1}H からスタートして，アミド窒素（^{15}N），カルボニル炭素（^{13}C）へと順次移動させられ，それぞれの核にて化学シフト情報をエンコードした後，同じ経路を辿って再びアミド ^{1}H に戻り検出される。最終的な検出は ^{1}H NMR と同様であるが，得られる信号は通過してきた ^{13}C, ^{15}N の化学シフトに依存し変調を受ける。ここで重要な点は，最終的に得られる NMR 信号は，上述の「$H^N → N → CO → N → H^N$」のコヒーレンス移動を経験している成分のみである，という点である。この磁気コヒーレンス移動は，今の場合，共有結合（J カップリング）を介し

第12章 核磁気共鳴を利用した生体計測

てのみ起こる。したがって，HNCO法では，メチルやメチレンの^{1}Hは炭素が^{13}C標識されていたとしても信号を与えることはない。つまり，この測定では，^{1}H-^{15}N-^{13}COという化学構造を持たない限り，NMR信号を与えない。我々は，この「特定の同位体標識パターンを持つ化学構造でのみ発生するNMRシグナル」に着目した。つまり，特殊な同位体標識パターンを持つ化合物を生体に投与し，これに適した磁化コヒーレンスの流れを起こす多重共鳴NMRを利用すれば，多種多様な分子の混在する生体中からでも，当該標識分子の信号のみを特異的に検出できる。実際に行った実験の詳細は，本書の山東博士の稿を参照されたい。

5 細胞内へ

ここまで，低分子化合物分子プローブを利用して生体内の現象を検出する研究を述べてきたが，筆者らは，NMRを生きた細胞内の蛋白質に適用し，細胞内での蛋白質の構造・運動性（ダイナミクス）の解析も行なっている。以下では，筆者らの開発した，真核細胞を使った蛋白質の"in-cell NMR法"を紹介する。

NMR構造生物学の技術を生きた大腸菌内の蛋白質に適用すること自体は，2000年頃から行なわれていたが[11]，同様の手法を，医学・薬学研究で広く使用されている高等動物由来の培養細胞系に適用するのはほとんど不可能であった。大腸菌のin-cell NMRでは安定同位体を含む培地中で培養し，特定の蛋白質を大量発現させてそのままNMR測定を行う。もちろん，目的以外の蛋白質や他の生体分子にも同位体が入るが，目的蛋白質が過剰発現されているため，さほど問題にならない。しかし，通常の培養細胞では，目的蛋白質の量は相対的に低いため，目的蛋白質以外の分子に由来するNMRシグナルからの分離が困難になる。

そこで，筆者らは，観察する細胞中で目的蛋白質を発現させるのではなく，^{13}Cや^{15}Nで標識した目的蛋白質をあらかじめ高純度に精製して準備しておき，これを培養細胞に導入しNMR測定を行うことにした。これにより，細胞内の蛋白質や他の分子の同位体含有率は天然状態に保たれたままとなり，バックグラウンドからのNMRシグナルを大幅に低減できる。蛋白質を細胞に導入する方法は，①キャピラリーを使った微量注入法，②遺伝子導入ベクターの利用，③電気穿孔法，などの選択肢があるが，筆者らはコスト，簡便性，導入効率を考慮し，細胞膜透過性ペプチドCPP（Cell Penetrating Peptide）を用いた[12]。

以下に，ユビキチン誘導体（Ub3A）をHeLa細胞中で観察した例を紹介する。まず，代表的なCPPであるHIVのTAT配列をUb3Aのカルボキシル末端に融合した蛋白質を設計した（Ub3A-TAT，図4A）。これを^{15}Nで均一標識し，京大・化研の二木博士らの開発した方法[13]を用いて，HeLa細胞に導入した。この細胞10^7個程度を集め，NMR試料管に導入し，^{1}H-^{15}N相関NMRスペクトルを測定したところ，図4Bに示すようなスペクトルが得られた[14]。これを見てわかるように，細胞内という混合物系にも拘わらず，Ub3AのNMRシグナルのみを選択的に検出できている。また細胞内でのスペクトルパターンが，試験管内での参照スペクトルとほぼ一

蛍光イメージング／MRI プローブの開発

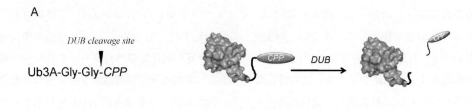

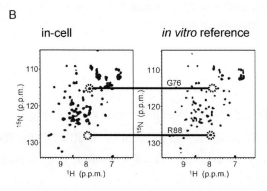

図4　A. ユビキチン誘導体 Ub3A のコンストラクト（左）と脱ユビキチン反応の概略図（右）。CPP のアミノ末端側で脱ユビキチン酵素 DUB で切断が起こる。B. Ub3A の in-cell ^{1}H-^{15}N HMQC スペクトルと in vitro で測定した参照スペクトル。Gly76 及び Arg88 の交差ピークの位置が細胞内と試験管内では異なる
文献(14)より転載。

致していることから，Ub3A の立体構造に大きな変化がないことがわかる。なお，この2次元スペクトル中に見られる交差ピークは主として蛋白質主鎖のアミド基に由来し，1個の交差ピークが1アミノ酸残基に相当する。

細胞内でのスペクトルは，おおよそ試験管内と同じであったが，Ub3A 部位の C 末端残基である Gly76 の交差ピークの移動が見られた。これは，細胞内で CPP 部位が切り離されていることを示唆している。実際，脱 Ub 酵素（DUB：Deubiquitinating enzyme）の切断配列である Ub カルボキシル末端の Gly-Gly モチーフを Ala-Ala に置換すると，この切断は起こらなかったことから，細胞内で DUB による Ub3A と TAT 間の切断が起こっていると考えられた（図4A（右））。

興味深いことに，DUB による切断が起きない変異体，Ub3A-Ala-Ala-TAT，の in-cell スペクトルは Ub3A-TAT を導入したときと大きく異なり，蛋白質が凝集体を形成した際によく見られるものであった。実際に，蛍光顕微鏡観察によっても細胞内で Ub3A-Ala-Ala-TAT の凝集傾向が確認されたことから，TAT は細胞内で凝集体を形成する傾向を持つことを示唆している。凝集体形成は，蛋白質の本来の活性や機能を損なうと思われることから，TAT で蛋白質を導入する場合，細胞内でこれを切り離したほうがよいだろう。

この CPP 部位から目的蛋白質の遊離を容易にするためには，TAT を目的蛋白質に S-S 結合を介して付加する方法が簡便である[15]。こうすると細胞質の還元的な環境において，ジスルフィ

第12章 核磁気共鳴を利用した生体計測

ド結合が解離し，目的蛋白質が遊離する．実際に，我々はこの手法でも細胞内導入を行い，良好な in-cell スペクトルを測定することに成功している[14]．

5.1 蛋白質―薬剤相互作用

考えられる in-cell NMR の応用の一つとして，細胞内での蛋白質―薬剤相互作用の解析が挙げられる．NMR を使うと，相互作用部位を原子レベルで特定できるため，細胞内で原子レベルの相互作用解析が可能で，これによって，開発した薬剤が，細胞内で，狙った蛋白質の狙った部位に結合しているかどうかを直接観察できると期待される．

このアイデアを検証するために，モデル系として，FKBP12 と免疫抑制剤 FK506 及びラパマイシンの系を用いて実験を行なった[14]．FKBP12 の細胞導入のために，TAT-Ub（ユビキチン）-FKBP12 という融合蛋白質を設計した．これを細胞内に導入すると，先に述べた HeLa 細胞内在性の DUB 活性により TAT-Ub と FKBP12 の間が切断される．Ub 部位は TAT と融合されたままなので，TAT-Ub は細胞内で凝集体を形成し，強度が弱い NMR シグナルしか観測されないと予想され，遊離した FKBP12 のスペクトルのみが観察されると期待した．実際に，このコンストラクトを使うと，図5に示すように，FKBP12 の交差ピークの多くが分離して観測された．続いて，FKBP12 導入細胞に免疫抑制剤 FK506 を投与すると，in-cell スペクトルに変化が見られた．この変化は，*in vitro* で FKBP12 に FK506 を滴下したときの変化と同様である．これは，

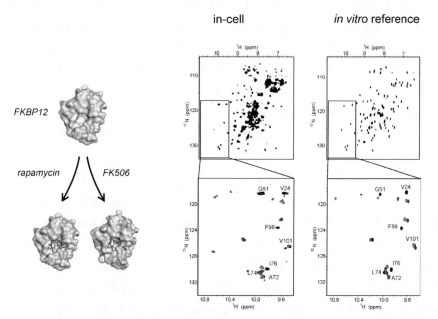

図5 FKBP12 とラパマイシン及び FK506 の反応の概略図（左）と FKBP12 の in-cell ^{1}H-^{15}N HMQC（中）及び *in vitro* で測定した参照スペクトル（右）
スペクトル中のグレーとダークグレーの交差ピークは FK506 およびラパマイシン添加後のスペクトル．スペクトルは文献(14)より改変して転載．

FK506が細胞膜を透過し，細胞質内のFKBP12に，*in vitro*と同様の結合様式で結合したことを意味する。一方で，興味深いことに，ラパマイシン投与の場合は，試験管内参照実験と比べてスペクトルの変化に違いが見られた。このことは，ラパマイシンとFKBP12複合体が，他の内在性蛋白質と相互作用している可能性を示唆している。ラパマイシン－FKBP12複合体はmTOR/FRAPと相互作用することが知られていることから，三者複合体の形成を反映しているのかも知れない。

以上のように，筆者らのin-cell NMR法を用いれば，薬剤が，培養細胞内の狙った蛋白質と，目論見どおりに結合しているかどうかを原子レベルで検証することができる。このような手法は今のところin-cell NMRの他にはなく，培養細胞を用いた薬剤の機能評価に一定の役割を果たせるのではないかと期待している。

5.2 細胞内での水素交換実験

細胞内部には，蛋白質，核酸，糖鎖等の生体高分子や脂質分子が高密度にパッキングされている。このような環境は，細胞内の蛋白質に，いわゆるMacromolecular Crowding（MC）効果と呼ばれる影響を及ぼし，そのため，細胞内での蛋白質の物性や，平衡定数，反応速度は，試験管内で得られたデータ（多くは希薄水溶液中で得られる）とは異なるとされる[16,17]。このような背景から，近年，細胞内の蛋白質を直接観察し，その性質を調べる研究が盛んに行われている。筆者らも，in-cell NMRを利用して，細胞内蛋白質の物性や分子内運動を直接解析する手法の開発を進めている。以下では，細胞内蛋白質のフォールディング安定性を，in-cell NMRを使って調べる方法を紹介する。フォールディング安定性は，細胞内での蛋白質の機能を考える上で重要なパラメーターの一つで，例えば，多くの神経変性疾患では，細胞内に多数の蛋白質の異常凝集体が認められ，病理メカニズムとの関係が示唆されているが，凝集体の形成には，フォールディング安定性が密接に関わってくると考えられる。

筆者らは，細胞内でのフォールディング安定性を調べるために，水素交換実験を利用した。これは，易交換性の水素原子（通常，主鎖アミド水素を利用する）が溶媒水分子の水素原子と交換する速度を測定する実験で，この速度は当該（アミド）水素の溶媒露出度や水素結合の有無を反映するため，蛋白質のフォールディング安定性の指標となる。交換の解析は，NMRや質量分析計を用いて行なうことができる。我々は，in-cell NMR法に関連した手法を使って，HeLa細胞内における野生型Ubの主鎖アミド水素の交換速度を調べた。その結果，Ubのアミド水素の交換は，細胞内で最大20倍も促進されているということがわかった[14]。これは，Ubが細胞内では著しく不安定化されていることを示唆している。従来のMC効果の理論では，蛋白質は細胞内で安定化されると予想されているので[16,17]，我々の結果は意外なものに見える。しかし，これまでの理論は，試験管内に構築した，極めて単純なモデル系を用いた実験に立脚しており，実際の細胞内環境を十分に反映していない。今後，様々な蛋白質について，細胞内でフォールディング安定性を解析し，MC効果の理論を補強・修正していく必要があるだろう。

第12章 核磁気共鳴を利用した生体計測

文　献

1) Weissleder, R., Moore, A., Mahmood, U., Bhorade, R., Benveniste, H., Chiocca, E. A. and Basilion, J. P., *Nature medicine*, **6**, 351-355 (2000)
2) Urbanczyk-Pearson, L. M. and Meade, T. J., *Nature protocols*, **3**, 341-350 (2008)
3) Ki, S., Sugihara, F., Kasahara, K., Tochio, H., Okada-Marubayashi, A., Tomita, S., Morita, M., Ikeguchi, M., Shirakawa, M. and Kokubo, T., *Nucleic acids research*, **34**, e51 (2006)
4) Ki, S., Sugihara, F., Kasahara, K., Tochio, H., Shirakawa, M. and Kokubo, T., *BioTechniques*, **42**, 209-215 (2007)
5) Clore, G. M., Tang, C. and Iwahara, J., *Current opinion in structural biology*, **17**, 603-616 (2007)
6) Otting, G., *Annual review of biophysics*, **39**, 387-405 (2010)
7) Mizukami, S., Takikawa, R., Sugihara, F., Hori, Y., Tochio, H., Walchli, M., Shirakawa, M. and Kikuchi, K., *J Am Chem Soc*, **130**, 794-795 (2008)
8) Takaoka, Y., Sakamoto, T., Tsukiji, S., Narazaki, M., Matsuda, T., Tochio, H., Shirakawa, M. and Hamachi, I., *Nature chemistry*, **1**, 557-561 (2009)
9) van Zijl, P. C., Chesnick, A. S., DesPres, D., Moonen, C. T., Ruiz-Cabello, J. and van Gelderen, P., *Magn Reson Med*, **30**, 544-551 (1993)
10) Cavanagh, J., Fairbrother, W. J., Palmer III, A. G., Skelton, N. J. and Rance M., Protein NMR Spectroscopy, Second Edition : Principles and Practice ; 2nd edition, Academic Press (2006)
11) Serber, Z., Corsini, L., Durst, F. and Dotsch, V., *Methods Enzymol*, **394**, 17-41 (2005)
12) Futaki, S., Nakase, I., Tadokoro, A., Takeuchi, T. and Jones, A. T., *Biochemical Society transactions*, **35**, 784-787 (2007)
13) Takeuchi, T., Kosuge, M., Tadokoro, A., Sugiura, Y., Nishi, M., Kawata, M., Sakai, N., Matile, S. and Futaki, S., *ACS chemical biology*, **1**, 299-303 (2006)
14) Inomata, K., Ohno, A., Tochio, H., Isogai, S., Tenno, T., Nakase, I., Takeuchi, T., Futaki, S., Ito, Y., Hiroaki, H. and Shirakawa, M., *Nature*, **458**, 106-109 (2009)
15) Giriat, I. and Muir, T. W., *J Am Chem Soc*, **125**, 7180-7181 (2003)
16) Rivas, G., Ferrone, F. and Herzfeld, J., *EMBO reports*, **5**, 23-27 (2004)
17) Zhou, H. X., Rivas, G. and Minton, A. P., *Annual review of biophysics*, **37**, 375-397 (2008)

第13章　In-cell NMRを用いた細胞内蛋白質の立体構造解析

伊藤　隆[*]

1　はじめに

　本書は，蛍光イメージングやMRIのためのプローブの開発と最新動向を取り上げたものであるが，ここではNMR（nuclear magnetic resonance）を用いた細胞内（特に原核細胞内）蛋白質の立体構造解析の現状について紹介したい．

　NMRとMRIは核磁気共鳴現象を共通な基礎とする手法である．MRIでは傾斜磁場を用いることで核磁気共鳴信号は「位置」の情報に変換されて観測される．一方で，NMRにおいては，均一な静磁場中での各々の核の歳差運動の周波数情報を観測する．NMRスペクトルの解析から分子の立体構造を導くことができるが，そのためにはスペクトル→シグナルの帰属→構造情報の取得→高次構造計算のステップを経る必要がある．

　MRIの手法を用いて，蛋白質や核酸などの生体高分子の3次元イメージを得るためには，微小な空間に極めて強い傾斜磁場を与える必要があり，現実的ではない．同じ磁気共鳴を用いる手法であるMRFM（magnetic resonance force microscopy）[1,2]は，究極的には蛋白質1分子のイメージングを目指して開発がすすめられているものであるが，まだ実用化のめどは立っていない．したがって，磁気共鳴の手法を用いて，生体高分子の3次元イメージを得るためには，NMRデータを用いて立体構造を計算する以外にはない．

　核磁気共鳴は他の分光法で用いられる物理現象（蛍光，紫外吸収，赤外吸収など）に比べて非常に感度が低いため，より高感度で高分解能のNMRスペクトルを得るためには，多量の均一な試料が要求される．したがって，蛋白質のNMR測定は単離・精製された試料（以下，*in vitro*試料と略記）を対象に行われてきた．すでにNMRによって決定された多数の蛋白質の立体構造が存在し，protein data bankに登録されている．しかし，最近になって，細胞内の濃密な環境（macromolecular crowding）が蛋白質の性質に影響を及ぼす可能性が重要視されるようになってきた[3]．細胞内は，細胞骨格や膜構造で細分化された空間であり，多数の分子が協調してダイナミックに働く系で，動的な非平衡状態にあると考えられる．細胞内と試験管内では酵素の結合活性が異なる例が報告されており，立体構造や動的性質も異なる可能性が示唆されている．これを踏まえて，蛋白質の機能発現のメカニズムを厳密に理解するためには，*in vitro*試料の解析だけでなく，細胞内環境における立体構造とその変化や相互作用を解析する必要があるのではない

---

[*]　Yutaka Ito　首都大学東京　大学院理工学研究科　分子物質化学専攻　教授

第13章 In-cell NMR を用いた細胞内蛋白質の立体構造解析

かと考えられるようになった。

蛋白質の立体構造解析が可能な手法の中で，NMR法は非浸襲性に優れ，かつ原子分解能での解析が可能なことから，細胞内環境での蛋白質の詳細な解析に適していると考えられる。事実，後述のようにin-cell NMR[4]という手法を用いることで，細胞内環境における蛋白質の様々な解析が行われるようになってきている。さらに，私たちのグループはin-cell NMRを用いることで（大腸菌細胞内でかつ大量発現させたものという条件下であるが）生きた細胞内の蛋白質の詳細な立体構造を世界で初めて示すことができた[5,6]。ここでは，in-cell NMR を用いた大腸菌細胞内蛋白質の立体構造の概略と主な要素技術を紹介し，今後の展開についても考察する。

2 In-cell NMR

前述のようにNMRは非浸襲性に優れた手法であるため，様々な生体試料に対してNMR測定が行われてきた（*in vivo* NMR）。しかし標的となる分子は代謝産物などの低分子が主であった。

例えば生体試料を用いて，試料中に存在する特定の蛋白質の ^{1}H-NMR 測定を行うとする。しかし，観測されるスペクトルには，「見たい」蛋白質のシグナルに加えて，試料内の他の多種多様な分子種由来のシグナルが混じって観測されることになる。「見たい」蛋白質のみを観測するためには以下の2つの条件が必要である。1つ目は，目的の蛋白質を何らかの方法で他の分子種と区別することであり，通常はNMR観測可能な安定同位体（^{13}C，^{15}N）によって選択的に標識することで達成できる。2つ目は，生体試料内の濃度の問題である。NMRは感度が悪い分光法であるため，NMRで観測可能になるためには，「見たい」蛋白質は試料中に比較的高濃度（〜mM）

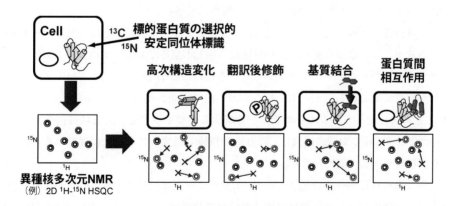

図1 In-cell NMR の潜在的な応用範囲

細胞内の特定の蛋白質を選択的に安定同位体標識することができれば，細胞試料をそのまま観察し，2D ^{1}H-^{15}N HSQC のような異種核多次元NMR測定を行うことができる。多次元NMRスペクトル上のクロス・ピークの変化（図中に模式的に示したクロス・ピークの移動，など）を観察することによって，細胞内での特定の蛋白質の高次構造変化，翻訳後修飾，基質結合，蛋白質間相互作用などを詳細に観察できる。

で存在する必要がある。生体内で特定の蛋白質を大量に発現させるか，もしくは外部から大量に導入すれば，この条件は達成できる。1990年代になって大腸菌の系を用いた蛋白質の大量発現技術と，NMR観測可能な安定同位体（^{13}C，^{15}N）による標識技術が確立し，はじめて大腸菌細胞内で上記の条件（選択的標識＋大量発現）が達成されるようになった。その結果として2001年にUCSFのDötschらのグループが，細胞懸濁試料（以下，in-cell試料と略記）を用いて，生きた大腸菌の中の蛋白質の2D ^{1}H-^{15}N HSQCスペクトルを測定し，この手法をin-cell NMRと名づけ報告した[7]。

当初in-cell NMRは大腸菌などのバクテリアに限られていたが，その後，アフリカツメガエルの卵および卵母細胞でのin-cell NMR実験が報告された[8,9]。上記の2つの条件は安定同位体標識蛋白質をマイクロ・インジェクションすることで達成されている。2009年には，細胞膜透過ペプチドとの融合蛋白質を用いることで，ヒト培養細胞などを用いたin-cell NMR測定を可能にする画期的な報告がなされた[10]。また，毒素を用いて細胞膜に一時的に穴をあけることで培養細胞に蛋白質を導入する方法も報告されている[11]。

図1には，Dötschらが総説の中で述べているin-cell NMRの潜在的な応用範囲を示した[12]。これまで，細胞内での蛋白質の切断反応[9]，特定の蛋白質との細胞内相互作用の同定[13]，基質結合などの解析[10,14]などがすでに報告されている。また構造を持たない蛋白質を細胞内で観察する試みも行われている[15,16]。

3　NMRを用いた蛋白質の立体構造解析の概略

In-cell NMRを用いた細胞内蛋白質の立体構造解析の概略に踏み込む前に，まずNMRを用いた蛋白質の*in vitro*での立体構造解析について簡単に述べる。

図2には蛋白質の立体構造解析を模式的に示した。まず第1段階としてNMRデータを測定するわけであるが，この際重要な手法が異種核多次元NMRである。蛋白質のNMRスペクトルは，シグナルが甚だしくオーバーラップしているために，^{1}H核の1D/2D NMRスペクトルのみでは解析が困難である。したがって，何らかの手法で観測されるシグナルを間引き，かつ3D，4D NMRと高次元化して各々のシグナルを分離する必要が生じる。通常は蛋白質を天然存在比の小さい^{13}Cや^{15}N核で均一に標識し，これらの核種の周波数で多次元に展開する。このような測定法を異種核多次元NMRと呼ぶ。

第2段階は得られたデータの処理である。NMRデータは減衰する多数の周波数成分がたしあわされており，通常はフーリエ変換で周波数成分に分離する。しかし，3D，4D-NMRでは，全体の測定時間の制約から，それぞれの軸のデータ・ポイントが十分に観測されないため，フーリエ変換を用いて「普通に」データ処理を行った場合には，スペクトルの解析のための十分なシグナルの分離が得られない。そのため通常はLinear Predictionや最大エントロピー法（MaxEnt）などの数学的処理を行って，スペクトルの分解能の向上をはかる。4D NMRデータにおいては

第 13 章　In-cell NMR を用いた細胞内蛋白質の立体構造解析

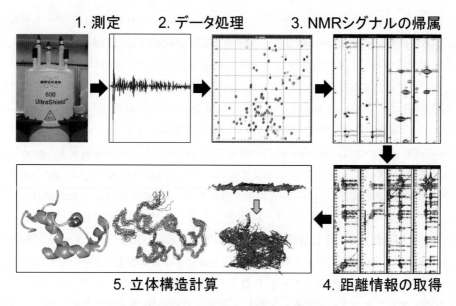

図2　NMR を用いた蛋白質の立体構造解析の概略
測定，データ処理，NMR シグナルの帰属，距離情報の取得の過程を経て，最終的に立体構造計算を行う。蛋白質の NMR スペクトルはオーバーラップが激しいので，3D/4D NMR 測定が必要になる。

軸あたりのデータ・ポイント数がさらに減少するため，このような数学的な操作はいっそう重要になる。

第3段階はシグナルの帰属であり，第4段階は主として核オーバーハウザー効果（NOE）と呼ばれる現象を用いて立体構造情報を収集するステップである。空間上近接する核（特に ^{1}H 核）の間（通常5Å 程度以内）には NOE が観測される。ある ^{1}H 核とある ^{1}H 核の間で NOE が観測されたとしても，それぞれの ^{1}H 核が帰属されていなければ，この NOE 情報は立体構造決定の際に用いることが難しい。しかし，帰属があれば，蛋白質中の2つの点の間の距離情報として用いることができる。このように，各々の NMR シグナルの帰属は立体構造解析のために極めて重要である。精製試料を用いた通常の解析では，蛋白質主鎖および側鎖シグナルの帰属用に特化した 3D/4D NMR スペクトルを複数組み合わせて帰属を行い，その帰属を基に NOE 観測用に特化された 3D/4D NMR スペクトル（NOESY と総称）を解析することで，^{1}H 核間の距離情報を収集する。

第5段階で蛋白質の立体構造計算を行う。この際には NOE 由来の距離情報や，主鎖二面角の情報，水素結合の情報などを用い，これらの情報を満たす立体構造を計算によって得る。

4　In-cell NMR 研究の困難さ

In vitro 試料に比した in-cell NMR の困難さは主に3つある。

第1に，in-cell 試料には「寿命」があり，限られた時間の中で有効な NMR データを取得する必要がある。高度好熱菌 *Thermus thermophilus* HB8 由来の TTHA1718 遺伝子産物を大量発現させた大腸菌について，私たちが行った予備実験（in-cell 試料から経時的に一部をプレートに撒き，生存率を確認する実験）では，NMR 試料管への充填後約6時間までは，大腸菌の生存率は大きく変化しない（85±11 %）ものの，その後緩やかに生存率は低下していく[5]。

6時間という寿命は，2D NMR を測定するには充分である。事実，これまでのほとんどの in-cell NMR 解析においては，*in vitro* 試料を用いて行ったシグナルの帰属結果を，in-cell 試料に当てはめて解析を行っている。このようなアプローチをとる限りにおいては，2D NMR が測定可能であれば充分と言える。しかし，このアプローチは，*in vitro* 試料と in-cell 試料のスペクトルが大きく異なる場合には適用できず，結果として in-cell NMR の応用範囲として謳っている細胞内の高次構造変化を十分に追跡することが困難になる。したがって，in-cell 試料のみを用いて標的蛋白質の NMR シグナルを帰属する方法を確立する必要があり，そのためには 3D NMR 測定が欠かせない。以上の理由から，おおよそ6時間の間に解析に足るクオリティーの 3D NMR を測定することが求められる。しかし，通常の 3D NMR 測定では半日～数日を要するので，何らかの方法を用いて測定時間を大幅に短縮する必要がある。

第2に，in-cell 試料のシグナルは一般にブロードで感度が悪い。これは，細胞質の粘性の効果と試料の不均一性によると考えられる。Debye-Stokes-Einstein の式によると，試料溶液の粘性と回転相関時間はおおよその比例関係にあるため，水溶液の 2-3 倍の粘性を持つと考えられる細胞質の中では，たとえ小さな蛋白質であったとしても，大きな蛋白質のようにふるまうことになる。前述の TTHA1718 遺伝子産物を大量発現させた生きた大腸菌のスペクトル（図3a）と，大腸菌を破砕し，単離・精製した TTHA1718 の 2D ^{1}H-^{15}N HSQC スペクトル（図3b）を比較すると *in vitro* 試料で得られているクロス・ピークが，in-cell 試料のスペクトルにおいては，著しく線幅が広がっていることがわかる（^{1}H-^{15}N HSQC スペクトルでは，主鎖アミド基の H-N 結合やアスパラギン，グルタミンの側鎖 H-N 結合に由来する相関ピークなどが現れる）。

第3は，細胞内の低分子に由来するバックグラウンド・シグナルの存在である。ただし，これは大腸菌の系のように細胞内で蛋白質を発現させる場合に限る問題点であり，標識蛋白質を外部から導入するアフリカツメガエルの系やヒト培養細胞の系では問題にならない。前述の ^{1}H-^{15}N HSQC 実験では，仮に標的蛋白質以外の低分子に ^{15}N 標識が入ったとしても，低分子中のアミド基やアミノ基の水素原子は溶媒の水との交換が早いために，スペクトル上でその存在が問題になることは無い。しかし，^{1}H-^{13}C HSQC 実験では，低分子由来のシグナルが強くスペクトル上に現れるため，解析には注意を要する（図3d, e）。

上記の3点に加えて，in-cell NMR 測定に特有の技術的に重要なポイントがもう一つある。In-cell 試料を調製した際には，何らかの理由で目的の蛋白質が細胞外に漏れ出てしまう場合がある。細胞外に漏れ出た蛋白質は仮に少量であっても非常にシャープなシグナルを与えるため，得られたスペクトルに現れているシグナルが本当に細胞の中の蛋白質由来であることを確かめる

第 13 章　In-cell NMR を用いた細胞内蛋白質の立体構造解析

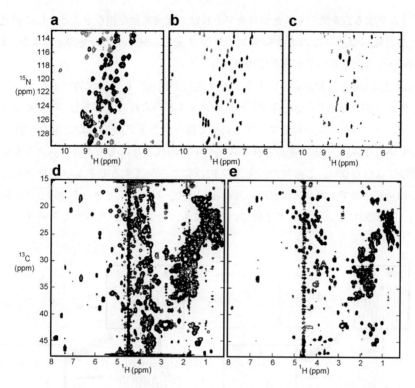

図3　高度好熱菌 *Thermus thermophilus* HB8 由来 TTHA1718 遺伝子産物の
2D ^{1}H-^{15}N HSQC および 2D ^{1}H-^{13}C HSQC スペクトル
a. TTHA1718 を大量発現させた生きた大腸菌の 2D ^{1}H-^{15}N HSQC スペクトル。b. 単離・精製した TTHA1718 試料の 2D ^{1}H-^{15}N HSQC スペクトル。c. 6 時間の in-cell NMR 測定後の上清の 2D ^{1}H-^{15}N HSQC スペクトル。d. TTHA1718 を大量発現させた生きた大腸菌の 2D ^{1}H-^{13}C HSQC スペクトル。e. 単離・精製した TTHA1718 試料の 2D ^{1}H-^{13}C HSQC スペクトル。

ことが極めて重要になる。通常は，in-cell NMR 測定終了後に試料を遠心して上清を回収し，その NMR スペクトルを測定することによって，細胞外に漏れた蛋白質の有無を検証する。図 3c には，6 時間の in-cell NMR 測定後の上清の ^{1}H-^{15}N HSQC スペクトルを示した。

5　Nonlinear sampling を用いた迅速な 3D NMR 測定と in-cell NMR への応用

最近，多次元 NMR の迅速な測定を可能にする様々な手法が報告されるようになった[17]。私たちはその中で，nonlinear sampling を用いた方法を選択し，in-cell 試料の 3D NMR 測定を行っている。この手法は 1D NMR について 1980 年代に Cambridge 大の Laue らによって提唱され[18]，その後 Harvard Medical School の Wagner らによって，異種核 3D NMR へと拡張されてほぼ完成されたものである[19,20]。NMR データの処理に通常用いられる離散フーリエ変換（DFT）においては，データが等間隔にサンプリングされている必要がある。もし，シグナルの減衰にあわせ

てサンプリングする点を間引くことが可能であれば,測定感度を損なうことなしに測定時間を減らすことが可能になる.このようなサンプリング法を nonlinear sampling とよび, DFT に代わって MaxEnt などを用いてデータ処理が行われる.

　Nonlinear sampling と MaxEnt によるデータ処理を図 4a, b に模式的に示した.等間隔にサンプリングした FID を DFT で処理するとスペクトルが得られる.しかし,モデルのスペクトルを仮定し,このスペクトルから逆フーリエ変換で得られたモデル FID が実測の FID と非常によく一致しているならば, DFT で得られたスペクトルの代わりにモデルのスペクトルを用いても大きな問題にはならない.この時の,実測の FID によく一致するモデルの FID を反復的に計算する際に MaxEnt のアルゴリズムが用いられる.また, MaxEnt でデータ処理をする限りは,実測の FID が等間隔にサンプリングされていなくても,サンプリングされたデータ・ポイントの

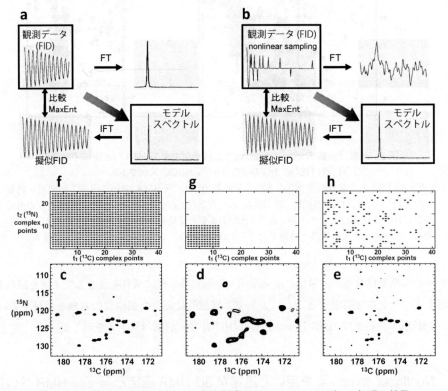

図 4　Nonlinear sampling による NMR 測定と MaxEnt によるデータ処理の効果
a, b. MaxEnt によるデータ処理の模式図.通常の FID の場合 (a), nonlinear sampling によって得られた FID の場合 (b). c. ある蛋白質の 3D HNCO スペクトルについて, t1, t2 方向にそれぞれ 40 × 24 のコンプレックス・ポイントを等間隔にサンプリングした場合のスペクトル. d. 等間隔に 12 × 10 のコンプレックス・ポイント (c の 1/8) をサンプリングした場合のスペクトル. e. d と同じ数のポイントを nonlinear sampling によって広いサンプリング空間からサンプリングした場合のスペクトル.それぞれ MaxEnt で処理してある. MaxEnt 処理は Azara v2.8 ソフトウエア (Wayne Boucher, http://www.ccpn.ac.uk/azara/) を用いた. f, g, h は, c, d, e それぞれの場合のサンプリングしたデータ・ポイントを示している.

第13章　In-cell NMR を用いた細胞内蛋白質の立体構造解析

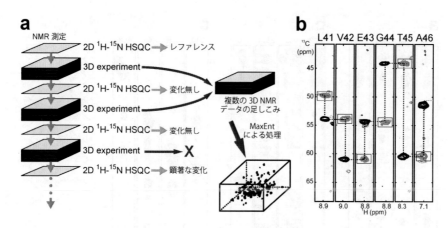

図5　大腸菌内の TTHA1718 についての3重共鳴 3D NMR 測定
a. 測定に用いたスキーム。Nonlinear sampling を用いることによって，従来法の1/4〜1/8のデータ・ポイントを測定し，かつ1つの 3D NMR 測定を〜3時間に抑えた。そして，試料の状態のモニタリングのための短い 2D ^{1}H-^{15}N HSQC をはさみつつ複数回繰り返した。最後に，6時間という「生存時間」と，上記の 2D ^{1}H-^{15}N HSQC スペクトルに著しい変化が起きないこと，を指標にして，2〜3セットの 3D NMR データを足し合わせ，これを MaxEnt で処理することによって，スペクトルを得た。b. 主鎖 NMR シグナル帰属の例。3D HNCA と 3D HN(CO)CA の2つのスペクトルを示した。HN(CO)CA 由来のクロス・ピークは四角で囲んである。

みを比較することによって，「正しい」モデルのスペクトルを得ることができる。

　図4c-h には nonlinear sampling と MaxEnt による処理の効果を実際のスペクトルを用いて示した。1/8に間引いたデータ・ポイントからでも従来法に匹敵するシグナル分解能と感度のスペクトルを得ることができる。MaxEnt を用いた処理については，それぞれのクロス・ピークの強度と位置についての再現性が問題視されるが，3重共鳴 NMR のように，クロス・ピークの強度がほぼ均一なスペクトルについてはスペクトルの再現性も極めて良好である。

　大腸菌細胞内の TTHA1718 についての主鎖 NMR シグナルの帰属は，6種類の3重共鳴 3D NMR スペクトルを nonlinear sampling を用いて測定し，解析することで行った。不安定な in-cell 試料の 3D NMR 測定のために，同一測定を複数回繰り返す方式で測定を行った（図5a）。解析の結果，主鎖 NMR シグナルについては，観測可能なシグナルのほとんどの帰属に成功した（図5b）。同様にして，大多数の側鎖 NMR シグナルも帰属を行うことができた。

6　メチル基選択的 ^{1}H 標識を用いた効率の良い高次構造情報の解析

　大腸菌細胞内の TTHA1718 についての NOE 由来の立体構造情報の収集は，nonlinear sampling を用いて測定した 3D ^{15}N-separated NOESY（図6a）と 3D ^{13}C-separated NOESY（図6b）を解析することで行った。図6d には β シート構造で観測された主鎖 ^{1}H 間の NOE を示した。ところが，この2種の NOESY から得られた情報のみでは充分な分解能の立体構造を得ることがで

121

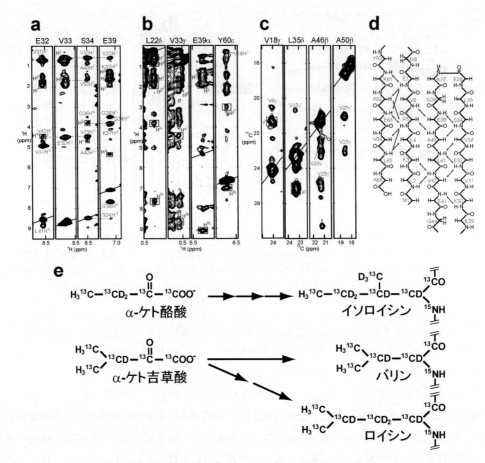

図6 大腸菌内の TTHA1718 についての 3D NOESY 測定
$^{13}C/^{15}N$ 均一標識試料を用いて測定した 3D ^{15}N-separated NOESY (a) と 3D ^{13}C-separated NOESY (b)，およびメチル基選択的 $^1H/^{13}C$ 標識試料を用いて測定した 3D $^{13}C/^{13}C$-separated NOESY (c)。同定したNOEの帰属を示し，特に残基内のNOEを四角で囲んで示した。d. βシート領域に観測されたNOE（矢印）。e. アミノ酸前駆体を用いた蛋白質のメチル基選択的 ^1H 標識法。$^2H/^{13}C$ 標識されたα-ケト酪酸，α-ケト吉草酸からそれぞれ，イソロイシン，バリン+ロイシンが生合成される。

きなかったため，メチル基選択的 ^1H 標識と呼ばれる安定同位体標識法を適用し，側鎖メチル基間の距離情報を選択的に測定することを試みた。

メチル基選択的プロトン標識は高分子量タンパク質の立体構造解析のために開発された技術で，メチル基のみに ^1H 核を残し，残りを均一に重水素化する手法である。メチル基は高分子量蛋白質であっても感度良く観測でき，かつ蛋白質の疎水的コア部分に多く存在しているために，メチル基間の距離情報を収集することによって蛋白質の global fold を効率よく決定することができる[21]。メチル基選択的の標識は $^2H/^{13}C$ 標識されたアミノ酸前駆体を培地に加えることで行うことができ，イソロイシン残基のδ1位，ロイシン残基のδ位，バリン残基のγ位のみが標識される（図6e）。

第13章 In-cell NMR を用いた細胞内蛋白質の立体構造解析

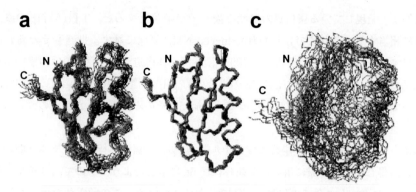

図7　In-cell NMR を用いて決定した大腸菌内の TTHA1718 の立体構造
a. 生きた大腸菌試料を用いて解析した立体構造。b. 単離・精製試料を用いて解析した立体構造。c. a の計算に用いた距離情報からメチル基選択的 ^{1}H 標識試料由来の距離情報を除いて計算したもの。それぞれ CYANA プログラムを用いて 100 個の計算をした後，エネルギーの低い 20 個を重ね合わせた。

前述のように細胞内の蛋白質は細胞質の粘性によって高分子量蛋白質のようにふるまうため，このメチル基選択的 ^{1}H 標識は in-cell NMR 測定においても極めて有効と考えられる。

大腸菌細胞内の TTHA1718 についてはアラニン／ロイシン／バリン残基の側鎖メチル基のみが ^{1}H/^{13}C 標識されている試料を作成した（TTHA1718 にはイソロイシン残基が存在しないため，代わりにメチル基のみが ^{13}C 標識されたアラニンを培地に加えることで，アラニン残基のメチル基を標識した）。この試料を用いて 3D ^{13}C/^{13}C-separated NOESY スペクトルを nonlinear sampling を用いて測定し，高次構造計算に用いる距離情報を取得した（図6c）。

立体構造計算は，NOE 由来の距離情報に加えて，^{13}C 核の化学シフトから推定した主鎖2面角情報，および2次構造部分に推定された水素結合情報を用いた。計算は CYANA プログラム[22]を用いて行った。NOE クロス・ピークの帰属は，残基内 NOE および一義的に帰属できる NOE を除いて，CYANA に自動で帰属させた。

計算の結果得られた立体構造は主鎖 RMSD が 0.96 Å と良好であり（図7a），独立に決定した精製試料の立体構造とも非常に良く似ていた（図7b）。このことから，大腸菌の細胞質に存在する蛋白質の詳細な立体構造が解析可能であることを示すことができた。高次構造計算に対するメチル基間の NOE の効果は予想通り大きく，メチル基選択的 ^{1}H 標識試料から得られた距離情報を除いて計算すると，得られる構造の精度は大きく低下する（図7c）。

7　今後の展望

ここでは，生きた大腸菌中の蛋白質の立体構造解析の今後の展開として，細胞内濃度がより低い蛋白質に対する応用について述べたい。

TTHA1718 は大腸菌内で非常によく発現し，in-cell 試料中で 4-5 mM の濃度に達する。細胞

蛍光イメージング／MRI プローブの開発

内で比較的よく発現している蛋白質の濃度を数十 μM 程度とすると，TTHA1718 の濃度はその約 100 倍に相当する。これまでに行われた in-cell NMR 研究に対する批判もその高い細胞内濃度を問題視するものが多い[23]。現状で 1/100 の濃度で立体構造決定を行うのは困難である。しかし，最近私たちのグループで TTHA1718 の場合の約 1/10 の濃度（0.2-0.5mM）の細胞内濃度の試料についての立体構造解析に成功したので，本節ではその際に導入した 2 つの改良版の要素技術について述べる。

前述のように，TTHA1718 の場合にはメチル基選択的 ^{1}H 標識を行い，メチル基間の距離情報を選択的に取得した。この際に用いた前駆体は図 6e に示したようなもので，メチル基の両方が ^{1}H 標識されており，かつ全ての炭素が ^{13}C で標識されている。この前駆体を用いた場合，得られる NOESY スペクトルでは，近接するメチル基間の双極子緩和や，隣り合う ^{13}C 核の間のカップリングのために，シグナルがよりブロードになってしまう。また，残基内のメチル基間の NOE が非常に強く観測され，立体構造解析に重要な残基間の NOE が観測されにくいという問

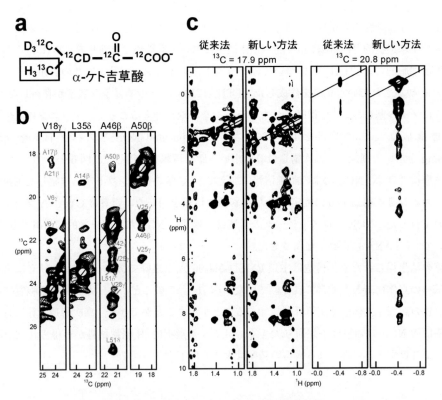

図 8　In-cell NMR を用いた NOE 由来の距離情報取得法の改良
a. 一方のメチル基のみが ^{1}H/^{13}C 標識されている α-ケト吉草酸。b. この α-ケト吉草酸を用いて調製した in-cell NMR 試料の 3D ^{13}C/^{13}C-separated NOESY スペクトル。図 6c と同じスライスを示してある。c. MaxEnt によるデータ処理法の改良。同一のデータから従来法と新しい方法で処理して得た 3D ^{13}C-separated NOESY スペクトル。スライスによっては新しい方法で大きくスペクトルが改善されている（右側）。

第13章 In-cell NMR を用いた細胞内蛋白質の立体構造解析

題点もある．今回新たに図8aに示したような前駆体を用いた結果，残基内のNOEは観測されなくなり，また隣り合う^{13}C核の間のカップリングも現れなくなった結果，細胞内蛋白質濃度が低くても充分に解析可能な良好なスペクトルが得られた（図8b）．

　NMRデータの処理法にも改善の余地がある．TTHA1718の立体構造解析では3種のNOESYスペクトルをMaxEntで処理した．このうち3D ^{13}C-separated NOESY と 3D ^{13}C/^{13}C-separated NOESY スペクトルは，（詳細は省くが）MaxEnt処理によるアーティファクトが顕著にみられ，必ずしも満足できるものではなかった．しかし，最近になって，Cambridge 大の Laue のグループが開発中の新しい MaxEnt ソフトウエア（投稿準備中）を用いたところ，スペクトルに著しい改善がみられ，従来法で処理したスペクトルに比べてより多くのNOE情報を得ることができた（図8c）．Nonlinear sampling で測定したデータの処理法については，ごく最近 Compressed Sensing という新しい有望な手法も報告されている[24,25]．このようなデータ処理法の改善によって，従来法に比して著しくデータ・ポイントを間引いたデータからでも信頼性の高いスペクトルが得られるようになれば，より生理的条件に近い濃度での in-cell NMR を用いた立体構造解析研究が可能になるはずである．

8　おわりに

　In-cell NMR を用いた細胞内蛋白質の立体構造解析例はまだ極めて少ないが，私たちが確立した手法を拡張していくことによって，大腸菌細胞内環境における様々な蛋白質の詳細な立体構造や，多様な生物現象に伴う立体構造変化が解析されるようになると期待される．ヒト培養細胞の系で示唆されているように，細胞内環境が蛋白質の構造安定性にわれわれが予想していた以上の効果を及ぼしている可能性もある[10]．In-cell NMR による立体構造解析結果が蓄積すれば，細胞内環境の影響の定量的解析が可能になり，細胞の中の蛋白質の「真の動態」に迫ることができるようになる．

　真核細胞中の蛋白質の立体構造解析も次の大きな目標である．アフリカツメガエルの卵の系ではすでにNOESY測定が可能と考えられるほどの高い蛋白質濃度が達成されている[8]．大腸菌の系で私たちが用いている手法を単純にヒト培養細胞の系に適用するためには，一桁以上の蛋白質導入効率の上昇が必要である．しかし，これについてもNMR測定感度の向上など様々な要素技術の改良や，高次構造解析法の改良などを行うことで，近い将来に立体構造解析が可能になるのではないかと期待される．

文　献

1) Sidles, J. A., *Phys. Rev. Lett.*, **68**, 1124 (1992)
2) Sidles, J. A. et al., *Rev. Mod. Phys.*, **67**, 249 (1995)
3) Ellis, R. J., *Trends. Biochem. Sci.*, **26**, 597 (2001)
4) Serber, Z., Corsini, L., Durst, F. & Dötsch, V., *Method. Enzymol.*, **394**, 17 (2005)
5) Sakakibara, D. et al., *Nature*, **458**, 102 (2009)
6) Ikeya, T. et al., *Nat. Protoc.*, **5**, 1051 (2010)
7) Serber, Z. et al., *J. Am. Chem. Soc.*, **123**, 2446 (2001)
8) Selenko, P., Serber, Z., Gade, B., Ruderman, J. & Wagner, G., *Proc. Natl. Acad. Sci. USA*, **103**, 11904 (2006)
9) Sakai, T. et al., *J. Biomol. NMR*, **36**, 179 (2006)
10) Inomata, K. et al., *Nature*, **458**, 106 (2009)
11) Ogino, S. et al., *J. Am. Chem. Soc.*, **131**, 10834 (2009)
12) Serber, Z. & Dötsch, V., *Biochemistry*, **40**, 14317 (2001)
13) Burz, D. S., Dutta, K., Cowburn, D. & Shekhtman, A., *Nat. Methods*, **3**, 91 (2006)
14) Xie, J., Thapa, R., Reverdatto, S., Burz, D. S. & Shekhtman, A., *J. Med. Chem.*, **52**, 3516 (2009)
15) Dedmon, M. M., Patel, C. N., Young, G. B. & Pielak, G. J., *Proc. Natl. Acad. Sci. USA*, **99**, 12681 (2002)
16) Bodart, J. F. et al., *J. Magn. Reson.*, **192**, 252 (2008)
17) Freeman, R. & Kupce, E., *J. Biomol. NMR*, **27**, 101 (2003)
18) Barna, J. C. J., Laue, E. D., Mayger, M. R., Skilling, J. & Worrall, S. J. P., *J. Magn. Reson.*, **73**, 69 (1987)
19) Schmieder, P., Stern, A. S., Wagner, G. & Hoch, J. C., *J. Biomol. NMR*, **4**, 483 (1994)
20) Rovnyak, D. et al., *J. Magn. Reson.*, **170**, 15 (2004)
21) Rosen, M. K. et al., *J. Mol. Biol.*, **263**, 627 (1996)
22) Güntert, P., *Prog. Nucl. Mag. Res. Sp.*, **43**, 105 (2003)
23) Ito, Y. & Selenko, P., *Curr. Opin. Struct. Biol.*, **20**, 640 (2010)
24) Kazimierczuk, K. & Orekhov, V. Y., *Angew. Chem. Int. Ed. Engl.*, **50**, 5556 (2011)
25) Holland, D. J., Bostock, M. J., Gladden, L. F. & Nietlispach, D., *Angew. Chem. Int. Ed. Engl.*, **50**, 6548 (2011)

第14章　高選択的・高感度な核磁気共鳴プローブ分子

野中　洋[*1]，山東信介[*2]

1　はじめに

　生体ではタンパク質，核酸，金属イオン，生体小分子に代表される生体機能分子の複雑な挙動をもとに，高度な生命現象が発現されている。これらの生命現象を理解する方法の一つは，細胞・生体内で起こっている生体機能分子の活動を直接観ることである。近年，生体に存在する重要分子群の役割を直接観るための様々な生体探索分子（プローブ分子）が開発され，基礎科学から応用まで広範囲に貢献しはじめている。

　なかでも蛍光や発光などの光を用いた解析は，細胞レベルの解析に適した優れたプローブ分子の登場により，数多くの生命現象の解明に貢献してきた。代表例としてカルシウムイオン蛍光プローブ Fura-2 による細胞内カルシウムイオン解析や，緑色蛍光タンパク質（GFP：Green Fluorescence protein）などを用いたタンパク質発現解析などが挙げられる[1,2]。このような優れた成果を生み出している光を用いる解析技術であるが，生体組織などの空間的な厚みのあるサンプルに対しては光の透過性の問題から不得手としており，現状では十分な性能を発揮できているとはいいがたい[3]。

　一方，ラジオ波領域の電磁波を用いる核磁気共鳴法（NMR：Nuclear Magnetic Resonance）は，非侵襲に生体深部での解析を行えるといった特徴を有しており，生物個体でのイメージングを指向する上で着目すべき技術である[3]。実際に，水の緩和時間の違いを利用した磁気共鳴イメージング（MRI：Magnetic Resonance Imaging）などは，すでに臨床に用いられており有用な生体計測技術となっている[4]。このように核磁気共鳴技術は優れたアドバンテージがあるものの，生体への適応を考えた場合，^1H や ^{13}C といった検出可能な核が生体内に多く存在しており，膨大な生体由来のバックグラウンドシグナルから微弱な目的の核磁気共鳴シグナルのみを取り出すことが難しいといった側面もある。また，核磁気共鳴法自体の検出感度が十分ではないという側面もある。そのため，標的分子の選択的検出には，夾雑物由来のバックグラウンドシグナルの抑制，および，標的分子の高感度検出が求められる。

　本稿では，核磁気共鳴技術を生体解析に用いる上での問題を解決しうる'高選択性'と'高感度'をキーワードに，我々の最近の成果などをふまえ，その一端を紹介したい。

[*1]　Hiroshi Nonaka　九州大学　稲盛フロンティア研究センター　特任助教
[*2]　Shinsuke Sando　九州大学　稲盛フロンティア研究センター　教授

2 多重共鳴

核磁気共鳴を用いた生体分子解析においては「如何にして無数に存在するバックグラウンドシグナルを低減し，目的シグナルを得るか」が克服すべき課題の1つである。こういった無数のシグナルの中から望みのシグナルのみを検出する手法の1つとして多重共鳴NMR技術[5]がある。多重共鳴技術は，異なるラーモア周波数の異種核間で磁化コヒーレンスを移動させる手法であり，タンパク質の構造解析で多用されている。

例えば ^{1}H-{^{13}C-^{15}N} の三重共鳴技術を用いた場合，^{1}H核の磁化コヒーレンスを ^{1}H → ^{13}C → ^{15}N → ^{13}C → ^{1}H と移す事で，^{13}C-^{15}N に隣り合う ^{1}H のみを高選択的に検出可能となる（図1，以降，計測核を最初に，磁化コヒーレンスが移動する核を｛ ｝内に示す）。また，天然存在比を考慮すると，^{1}H が ^{13}C-^{15}N に隣り合った分子の天然存在率はわずか0.004％である。すなわち，^{1}H，^{13}C，^{15}N で同位体標識した分子をプローブとして用い，三重共鳴技術で計測すれば，夾雑（細胞）系においても目的分子プローブの ^{1}H NMR シグナルのみを高選択的に検出可能となる。本章では，このような'高選択性'を実現可能な多重共鳴NMRを用いるプローブ分子の設計に関して紹介したい。

2.1 多重共鳴NMRを利用した代謝解析プローブ分子

多重共鳴技術を利用した代謝解析では，主に安定同位体標識した天然物を分子プローブとした二次元，及び，三次元NMR解析が利用されてきた[6,7]。これら多次元NMR解析では多数の情報を取得でき，構成成分を一度に解析できるなど多くの利点があるが，その計測に時間がかかり，また，得られた多数のシグナルの精密な同定が必要であるという欠点もある。特に，*in vivo* MRI や MRS（Magnetic Resonance Spectroscopy）への応用を考えた場合，これらは大きな問題となる。

一次元（1D）多重共鳴NMR技術は，その解決策の1つである[8,9]。例えば1D ^{1}H-{^{13}C-^{15}N} 三重共鳴では磁化コヒーレンスが移動できる ^{13}C，^{15}N 核を制限する事で，その計測時間を大幅

図1 多重共鳴NMRを利用した特定 ^{1}H NMR シグナルの選択的検出

第14章 高選択的・高感度な核磁気共鳴プローブ分子

に短縮できる．もちろん，多次元NMRに比べ，計測できる対象分子の情報は大幅に減少してしまうが，逆に，細胞・生体に導入した安定同位体ラベル化プローブ分子の特定の代謝構造を高選択性に検出する事が可能になる．本項では，青山教授（同志社大学），白川教授（京都大学），杤尾准教授（京都大学）と共同で実施した「1D三重共鳴NMR技術を利用する高選択的分子プローブ解析」に関して紹介したい[9]．

グルコースはエネルギー源として全ての細胞に取り込まれる．取り込まれたグルコースは解糖系により2分子のピルビン酸となり，呼吸系による酸素酸化に続く．この際に，低酸素環境である腫瘍では呼吸系が効率よく機能せず，嫌気的解糖系の最終段階に働く乳酸脱水素酵素（LDH：Lactate dehydrogenase）によりピルビン酸は乳酸に還元される．そのため，LDHによるピルビン酸─乳酸変換反応のモニタリングが可能であれば，低酸素環境にある腫瘍の検出に繋がるものとして期待されている．

我々は，このLDHによるピルビン酸─乳酸変換反応の高選択的モニタリングを目指し，1D三重共鳴技術の適用を試みた．多重共鳴による検出にあたって，通常のグルコースのままでは選択的な検出はできない．そこで，全ての炭素と炭素に結合した水素をそれぞれ ^{13}C，$^{2}H(D)$ に置換したグルコースは1D $^{1}H-\{^{13}C-^{13}CO\}$ NMR不活性であるが，LDHによるピルビン酸の還元により生成する乳酸には $^{1}H-^{13}C-^{13}CO$ 配列が存在し，1D $^{1}H-\{^{13}C-^{13}CO\}$ NMR活性である点に着目した（図2，今回は厳密なOFFシグナル抑制のため，$^{2}H(D)$ 化したグルコースを利用しているが，特定の炭素のみを ^{13}C 化する事で ^{2}H 化しなくとも十分な選択性を実現できる）．

まず，培養細胞を用いた実験でLDH活性の高選択的検出が可能か検討した．同位体標識した

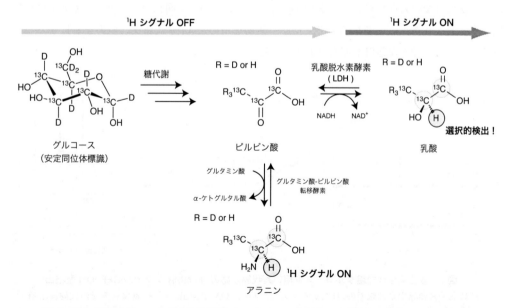

図2 嫌気性解糖系での安定同位体標識グルコースから乳酸への変換と選択的シグナル検出

グルコースを HeLa（ヒト子宮頸癌由来）細胞培養液に添加し，24 時間培養後，三重共鳴 ^{1}H NMR 測定を行なった。その結果，同位体標識グルコースが LDH によって還元されたことを示す乳酸が選択的に検出された。その特異性は非常に高く，LDH の活性を ^{1}H-{^{13}C-^{13}CO} NMR シグナル OFF-ON 型で検出可能であることが明らかになった（図 3a）。

次に，腫瘍を有するモデルマウスを用いた実験で LDH 活性の選択的検出が可能か検討した。同位体標識グルコースを担癌マウス（大腸癌 colon-26 皮下移植モデル）に尾静脈注射した。1 時間後，腫瘍を取り出し，溶解させ，重水に溶かし 1D 三重共鳴 NMR 測定を行なった。その結果，通常の ^{1}H NMR（^{1}H）や二重共鳴 ^{1}H NMR（^{1}H-{^{13}C}）では，多数のシグナルが観測され目的分子の同定は非常に困難であったが，三重共鳴 ^{1}H NMR（^{1}H-{^{13}C-^{13}CO}）解析では乳酸高選択的なシグナル検出が可能であった（図 3b）。

以上より，生体代謝の重要なエネルギー源であるグルコースの安定同位体標識プローブと 1D 三重共鳴技術を合わせ，細胞およびマウス内で起こった嫌気性乳酸代謝反応を高選択的に検出可能である事が示された。特に，^{1}H NMR シグナル OFF-ON 型検出を実現できた点は注目すべきである。様々な核種の中でも ^{1}H 核は最も感度が高く，核磁気共鳴イメージングに適しているが，ケミカルシフト幅が狭く，またバックグラウンドシグナルも多いため目的シグナル分離が難しい。特に，線幅が広くなってしまう in vivo MRI/MRS では大きな問題となる。その点，OFF-ON 型分子プローブでは，ON になったシグナルのみを検出すればよく，生体・個体への応用が期待できる。

また，多重共鳴 NMR 技術では，H，C，N といった天然有機物に存在する核種を用いることができるため，安定同位体ラベル化した天然分子そのものをプローブとして利用できる点は他の測定手法にはない大きな利点である。今回は示していないが，同様のコンセプトで薬剤副作用に関与する特定代謝反応の選択的検出，及び，薬剤を用いた Vivo 代謝反応阻害を解析する事にも成功している。様々な応用が可能な手法である。

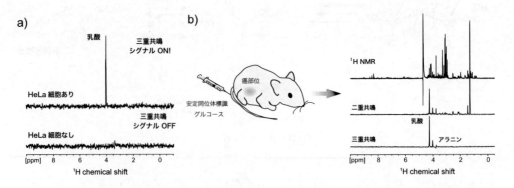

図 3　安定同位体標識グルコースを用いた代謝反応の ^{1}H NMR シグナル OFF-ON 型検出
a) ヒト子宮頸癌由来細胞での ^{1}H NMR シグナル OFF-ON 型検出，b) 担癌マウスでの代謝反応解析

第 14 章　高選択的・高感度な核磁気共鳴プローブ分子

2.2　多重共鳴技術を利用した化学種検出プローブ分子

前項では，天然物を安定同位体標識した多重共鳴 NMR プローブ分子に関して説明したが，多重共鳴技術が有効なのは天然物に限ったことではない。化学反応や酵素反応などにより，多重共鳴 NMR シグナルが OFF から ON になるように原子配列をデザインすることで，人工プローブ分子の開発も可能である（図 4a）。我々は，このコンセプトを活性酸素種（ROS：Reactive Oxygen Species）を標的とした ^{1}H NMR センサー分子の開発に適用した[10]。

ROS は生理学的に重要な働きをしており，病気の発症にも関係する。我々は，ROS を蛍光と多重共鳴 NMR という 2 つのモードで検出可能なプローブ分子の開発を試みた（図 4b）。このプローブ分子は通常は蛍光を発しないが，ROS と反応し酸化されることで蛍光発光型の骨格を形成する。つまり，シグナル ON 型の蛍光センサーである。また，ROS との反応によって骨格が変化し，^{1}H-{^{13}C-^{13}C=C} 三重共鳴 NMR のシグナルが ON となる。実際，開発したこのプローブは次亜塩素酸イオン選択的な蛍光/NMR-Dual Modal 型プローブ分子として機能することが示された（図 4b）。

本項で紹介した高選択的シグナル検出技術は，核磁気共鳴技術を用いて夾雑系である生体での分子イメージングを試みる上で強力な武器になると思われる。この技術を適用する上で必要な H-C-C や H-C-N といった原子配列（二重共鳴の場合は H-C など）は天然分子，人工分子ともに存在するため，原子配列のデザインを行うことで様々な標的分子に対するプローブ分子の設計が可能である。

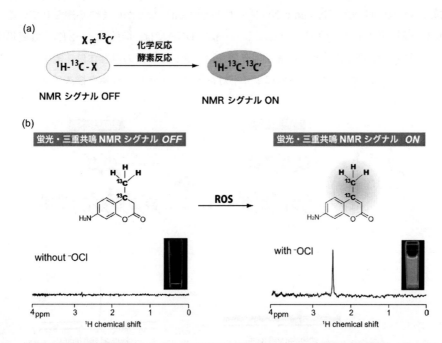

図 4　a) 原子配列変化を利用したシグナル OFF-ON 型 NMR プローブ分子の設計戦略，b) ROS 検出を目指した ^{1}H NMR-蛍光 dual modal プローブ分子の構造と次亜塩素酸イオンの検出例

3 超偏極

NMRを用いた生体分子解析において「如何にして感度よく目的シグナルを得るか」がもう一つの克服すべき課題である。そもそもNMRは核スピンの変化に伴うエネルギーの吸収・放出現象を検出するものである。核スピンをもつ原子核を外部磁場中におくと，エネルギー状態の分裂（ゼーマン分裂）を起こす。ゼーマン分裂は，ボルツマン分布則にしたがって低エネルギー準位を占有する核スピンの方が高エネルギー準位の核スピンよりも僅かに多数となる。ここに外部から電磁波を当てると，電磁波のエネルギーとゼーマン分裂のエネルギー差が一致した場合には核磁気共鳴というエネルギーの吸収・放出現象が起こる。この吸収・放出現象を検出し解析することでシグナルが得られるのだが，ボルツマン分布則からわかるように，熱平衡状態での遷移準位間の占有数の差が小さく，小さなスピン数の差を観測しているため，低感度な測定法となっている。このNMRの感度の問題に対し，外部磁場の高磁場化などのハード面の進歩やパルスシーケンスの効率化などの検出感度の向上を目指した試みも行われている。しかし，一層の高感度化ということになると，NMRの感度が低い根本的な要因である核スピンの占有数の差が小さい点を改善する必要がある。この解決法の一つとして，超偏極（Hyperpolarization）が注目されている。

超偏極とは，核スピンの占有数の差を通常の熱平衡状態と比較して，著しく偏らせた超偏極状態にすることによって感度の向上をはかる技術である（図5)[11]。このような超偏極状態を得る手法としては，光ポンピング法，パラ水素添加法（PHIP：Parahydrogen induced polarization）や，動的核偏極法（DNP：Dynamic Nuclear Polarization）などがいくつか知られている。ここではDNPを例に簡単に紹介させていただく。一般にDNPでは，極低温（1-2K)・強磁場中（数テスラ）におかれた測定試料と不対電子含有化合物（ラジカル）の混合体に，電子スピン共鳴に相当するマイクロ波照射を行う。これにより不対電子の電子スピン分極を核スピンに移動させ，

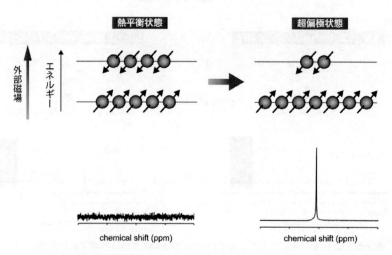

図5 熱平衡状態と超偏極状態の核スピン偏極と，得られるNMRスペクトルの模式図

第14章 高選択的・高感度な核磁気共鳴プローブ分子

核スピン分極が蓄積される。最終的に，核スピンの遷移準位間の占有数の差が著しく偏った超偏極状態となり，NMRの感度が大幅に向上されるというものである（図5）。

本節では，このような'超高感度'を実現可能な超偏極技術を用いた生体機能解析法に関して紹介したい。

3.1 超偏極技術を利用した代謝解析プローブ分子

本項では，天然物を安定同位体標識した超偏極プローブ分子による，生体機能解析に関して紹介させていただく。

超偏極の有機化合物への使用例として，Ardenkjær-Larsenらが ^{13}C や ^{15}N 核をもつウレアとトリチルラジカルを混合させ，極低温・強磁場中にてDNPにより偏極し，その後瞬時にサンプルを室温へ戻して溶液NMR測定を行う手法を開発した。この手法での熱平衡状態と比較した増幅係数は， ^{13}C では 44,400， ^{15}N では 23,500 であった[12]。このように核磁気共鳴の感度を劇的に向上させるという点において，超偏極は注目すべき現象であるが，超偏極状態は室温溶液中では速やかに緩和されてしまい，長く保持することができないといった欠点も存在する。一般に，超偏極寿命は縦緩和時間 T_1 と相関が知られており， T_1 の長い化合物は比較的超偏極状態を保つことができる。そのため，緩和時間が有機物の中では長いことが知られているピルビン酸を用いた代謝解析と腫瘍イメージングが活発に行なわれている。

Golman らは， ^{13}C 標識ピルビン酸を超偏極プローブとして用い，リアルタイム代謝イメージングを報告している。ラットやブタにおける，ピルビン酸から乳酸などへと変換されていく様子を ^{13}C の化学シフトの違いを検出することでイメージングすることに成功している（図6）。また，前述したように腫瘍は低酸素環境であり，乳酸脱水素酵素（LDH）のピルビン酸から乳酸への変換反応が活発である。そのためLDHの活性評価による，腫瘍のイメージングなども試みられている[13, 14]。

このように超偏極状態を利用することによって，これまで核磁気共鳴では検出感度が不足していたために難しかった特定の代謝反応をリアルタイムで追跡することが可能となってきている。今回紹介したピルビン酸以外にも，安定同位体ラベル化した天然物を超偏極プローブとして用いる試みもなされており，今後の更なる展開が期待される[15〜17]。

3.2 超偏極技術を利用した人工センサー分子

前項では，天然物を同位体標識した超偏極プローブ分子に関して紹介したが，人工的なセンサー分子を解析に用いようとする試みもなされている。

Dmochowski らは，炭酸脱水酵素（CA）の阻害剤と連結させた籠型の分子に超偏極 ^{129}Xe ガスを導入したセンサー分子を報告している[18]。この分子は阻害剤部分と炭酸脱水酵素との結合に伴って ^{129}Xe の化学シフトが変化する様子を検出することが可能であった（図7a）。また，Kovács らは， ^{89}Y と配位子 DOTP を利用したプローブ分子（ ^{89}Y-DOTP）を超偏極して用い，

蛍光イメージング／MRIプローブの開発

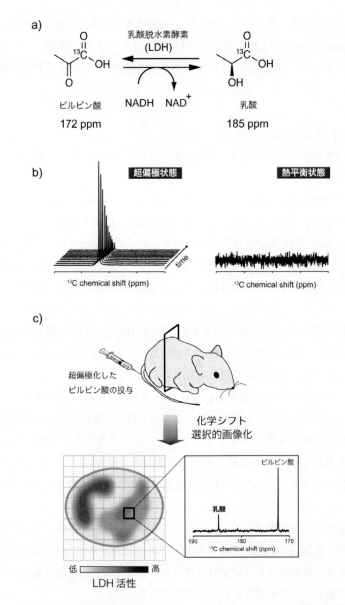

図6　a) ピルビン酸-乳酸変換反応と ^{13}C のケミカルシフト変化，b) 超偏極状態と熱平衡状態での NMR スペクトル概念図，c) ピルビン酸-乳酸変換反応の解析によるケミカルシフトイメージングの概念図

pH 変化を ^{89}Y NMR の化学シフト変化により検出している（図7b）[19]。その他にも，Chang らは，^{13}C 標識したプローブ分子（^{13}C-BFA）を超偏極して用い，過酸化水素（H_2O_2）との選択的な反応による α-ケト酸誘導体（^{13}C-BFA）からカルボン酸誘導体（^{13}C-BA）への構造変化を ^{13}C NMR の化学シフトイメージングにより検出している（図7c）[20]。

134

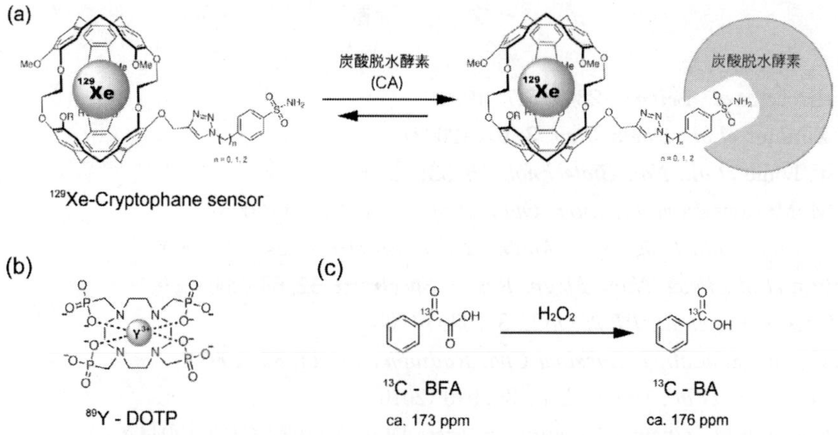

第14章 高選択的・高感度な核磁気共鳴プローブ分子

図7 a) 超偏極 ^{129}Xe を用いた炭酸脱水酵素検出センサー，b) 超偏極 pH センサー，
c) 超偏極過酸化水素センサー

人工分子を超偏極プローブ分子として適用する例はまだまだ少ないものの，生体機能解析を行なう上で必要な様々なプローブ分子が今後も登場してくるものと思われる．我々も，超偏極を利用した核磁気共鳴イメージングに向け，超偏極を利用したレポータータンパク質システムや各種プローブ分子の開発を進めている．これらは，また別の機会に紹介させていただければと考えている．

4 おわりに

本章では，核磁気共鳴技術を生体解析に用いる上で，ブレイクスルーとなる可能性を秘めた2つの手法，多重共鳴と超偏極を紹介した．多重共鳴 NMR 技術では，多重同位体標識した化合物をプローブ分子として用いることにより，夾雑物存在下において標的分子のシグナルを'高選択的'に検出することができた．超偏極では，核磁気共鳴の根本的な問題点であった感度を飛躍的に向上させ'高感度'な生体機能解析を目指す研究を紹介した．両手法の持つ可能性を感じていただければ幸いである．多重共鳴・超偏極とも未だ発展段階の技術であり，現状では多くの生命現象を解析できるだけの十分な技術水準ではない．今後，磁気共鳴機器や核偏極器などのハード面，分子プローブなどのソフト面，双方の改善が行われることにより，核磁気共鳴技術を用いる生物個体内での分子イメージングにブレイクスルーをもたらすものと期待している．

蛍光イメージング／MRI プローブの開発

文　献

1) K. Hirose et al., *Science*, **284**, 1527 (1999)
2) M. Zimmer et al., *Chem. Rev.*, **3**, 102 (2002)
3) A. Y. Louie et al., *Nat. Biotechnol.*, **18**, 321 (2000)
4) A. M. Morawskia et al., *Curr. Opin. Biotechnol.*, **16**, 89 (2005)
5) M. Sattler et al., *Prog. Nucl. Magn. Reson. Spectrosc.*, **34**, 93 (1999)
6) T. Fan et al., *Prog. Nucl. Magn. Reson. Spectrosc.*, **52**, 69 (2008)
7) E. Chikayama et al., *PLoS ONE*, **3**, e3805 (2008)
8) W. C. Hutton et al., *J. Labelled Cpd. Radiopharm.*, **41**, 87 (1998)
9) K. Mizusawa et al., *Chem. Lett.*, **39**, 926 (2010)
10) T. Doura et al., *Chem. Commun.*, *in press* DOI : 10.1039/C1CC12044A
11) A. Viale et al., *Curr. Opin. Chem. Biol.*, **14**, 90 (2010)
12) J. H. Ardenkjær-Larsen et al., *Proc. Natl. Acad. Sci. U. S. A.*, **100**, 10158 (2003)
13) K. Golman et al., *Proc. Natl. Acad. Sci. U. S. A.*, **103**, 11270 (2006)
14) K. Golman et al., *Cancer. Res.*, **66**, 10855 (2006)
15) F. A. Gallagher et al., *Nature*, **453**, 940 (2008)
16) F. A. Gallagher et al., *Proc. Natl. Acad. Sci. U. S. A.*, **106**, 19801 (2009)
17) C. Gabellieri et al., *J. Am. Chem. Soc.*, **130**, 4598 (2008)
18) J. M. Chambers et al., *J. Am. Chem. Soc.*, **131**, 563 (2009)
19) A. K. Jindal et al., *J. Am. Chem. Soc.*, **132**, 1784 (2010)
20) A. R. Lippert et al., *J. Am. Chem. Soc.*, **133**, 3776 (2011)

第15章　プローブを用いるMRI分子イメージング

犬伏俊郎*

1　はじめに

近年の医学や医療の進歩は目覚ましく，遺伝子（ゲノム）やタンパク質の情報（プロテオーム），さらには，メタボローム，フィジオームと，生体の大量でしかも多様な情報を駆使する'オーム'の時代が到来した。さらには，ES細胞やiPS細胞に代表される幹細胞を利用した再生医療も始まろうとしている。このような細胞の体内での挙動や遺伝子の発現など分子情報が必要になり，イメージングに求められる要素も変わりつつある。そこで，特定の分子やタンパク質，遺伝子を識別し，それらの体内での振る舞いを可視化する多次元の画像法，分子イメージングへの展開が始まっている。本稿ではそのモダリティーの中でMRIを取り上げ，MRI法が必要とするプローブについてまとめたい。

2　MRI法の位置づけ

MR法は数ある臨床画像診断法の中でも比較的新しい手法で，元々はNMRスペクトロスコピー（核磁気共鳴分光）法として分子の同定やその物性を調べるために化学の分野ではなくてはならない分析手段であった。MR法は測定対象となる試料に手を加えることなく，非破壊で分析できるところに特長がある。この手法が画像法として拡張され医学・医療に導入され，今日の臨床の画像診断用MRIへと発展してきた。MRI法は生体に内在する水分子の水素原子核を信号源とするため，水分含量の多い軟部組織の描出能に優れ，断層画像として体内の形態学的診断には極めて威力を発揮している。

まずMR法の特性を理解するために，種々のモダリティーとの簡単な比較を表1に纏めた。その長所として，MR法が放射線を用いないために被曝がなく，また，放射性同位元素のように半減期という時間的制約がないために，自由に繰り返して計測が可能な点である。ことに治療効果の判定や予後の経過観察ではMR画像（MRI）法が最も適している。また，MRIは生体内の内在性の物質，即ち水分子（H_2O）を信号源にするために，撮像のための試薬は不要である。もちろん水分子以外に，アミノ酸や代謝産物等の分子そのものを検出することも可能である。しかし，MRは検出感度が低いため1mM程度の濃度が必要になる。造影剤を指示薬として用いると検出限界の濃度は10-100μMまで低下するが，その濃度はPETや蛍光法の0.1-1nMに比べば

---

*　Toshiro Inubushi　滋賀医科大学　MR医学総合研究センター　教授

蛍光イメージング／MRI プローブの開発

表1　種々の画像法における特徴

モダリティー	CT	PET	MRI	光（蛍光）
計測手段	X線	陽電子線	ラジオ波	近赤外線
補助装置	−	シンクロトロン	磁石	−
薬物	(−)	放射性同位元素	(+/−)	蛍光色素
薬物濃度	−	< 0.1nM	10-100μM*	1nM
放射線被爆	有	有	無	無
侵襲性	無	有	無	無
特徴	硬い組織	導入薬物	軟部組織	利便性

（＊）MRI では通常内在性の物質，すなわち，水分子を利用し，計測のためには特別な試薬を必要とはしない。ここでは，MRI で用いる造影剤に着目し，その効果が引き出される濃度の目安を示している。

るかに高い。この意味で，MRI は低濃度の分子を標的にする分子イメージングには現時点で最も不向きな画像法であるといえよう。ただし，この弱点を克服するためにナノ粒子に多数の造影剤を集積させた強力な MR 用ナノ素材の開発が進められており，他の手法に少しずつ近づきつつある。

　MR 法を特徴づける情報の中に化学シフトと呼ばれるパラメータがある。化学シフトとはある分子の中で着目する原子核の磁性が，それを取り巻く電子雲の状態（電子密度）や隣接する他の原子核の磁気的な影響により変化し，同種の原子核であっても共鳴周波数が異なることを表している。言い換えれば，化学シフトとは分子内の原子核の化学的な環境を反映する情報で，生体内の化学物質では化学構造を読み解き物質を同定する重要なパラメータとなる。そして，このパラメータにより NMR 法は多様な化学物質を取り扱うことが可能になる。ついでながら，MR 信号にはこの化学シフトのほか，信号強度と線幅の情報を持ち，前者は原子核の数に比例するため，化学物質の濃度に関係し，後者はその原子核の運動性，つまり，緩和時間 T_2 に関係する。これらは MR 画像でも重要なパラメータであることはいうまでもない。

3　分子（代謝産物）の追跡

　画像診断用 MR では人体中の水分子の水素原子核（^{1}H，プロトン）による MR 信号から画像を構築する。水は生体中に最も多量に存在する物質であり，この大量の水分子が微妙な生理や病態を鋭敏に反映するとは必ずしもいえない。むしろそれらに直接関与する特定の化学物質を検出し，その化学反応動態を追跡する方がはるかに効果的であることはいうまでもない。生体 MR 法では上に述べた化学シフトの情報を使って動物の標的臓器から無侵襲で代謝産物を検出することができ，さらに，連続的な計測から着目する化学物資や薬物の消長から，反応動態が解析できる。例えば，最近のがん研究では遺伝子変異の解析から代謝メカニズムの解明へと変遷しつつある。MR 法を用い，生体システムにおける腫瘍組織の代謝を MR スペクトルにより計測し，形態画像や抗体などのがんマーカーの集積部位と比較しながら，がんの病理を総合的に理解すること

第15章　プローブを用いるMRI分子イメージング

は，MR法の優れた特性が生かせる領域であると考えられる。

　^{13}Cをプローブとして用いる代謝計測の一例を，ラット脳における^{13}C MR信号の^{1}Hによる間接的な検出による^{13}C MRの画像を使って紹介しておこう。^{13}CのMR信号の検出感度は^{1}Hの1/100しかない。しかも同位元素^{13}Cの天然存在比も1/100であり，^{13}C MR信号の直接検出は^{1}Hに比べると容易ではないことが分かる。しかし，後者の存在比は^{13}Cを濃縮した試薬を使うことで改善でき，また，前者も^{13}Cを直接検出するのではなく，それに直結した^{1}Hを選択的に検出し，^{13}Cの情報を間接的に得る方法により，^{1}Hの感度に匹敵する検出感度で測定できる。この方法に，さらにEPI（Echo Planar Imaging）と呼ばれるMR画像の高速撮像法を加味し，ラット脳内の^{13}C標識化合物のMR代謝画像が計測できるようになった[1]。

　この実験で投与した試薬は1位に^{13}Cを標識したブドウ糖である。図1に示したように，出発物質であるブドウ糖の信号がまず検出され，ラット脳内に蓄積してくることが分かる。その後このブドウ糖は代謝されTCA回路内に到達し，グルタミン酸へと代謝されその^{13}C信号が検出される。ただし，この測定条件ではグルタミンとは区別ができない。また，実験に使用した2Tという静磁場では脂肪の信号との重なりが避けられず，眼窩の脂肪も同時に検出されている。このデータの詳しい解説は現論文を参照いただくとして，ラット脳のような小さな標的からも約10分程度で^{13}C標識化合物の画像が得られ，代謝産物の動態を画像として追跡できることがわかる。ちなみに，^{13}Cを直接検出する方法では，検出時間がかかり過ぎ，代謝反応に追随できそうにない。

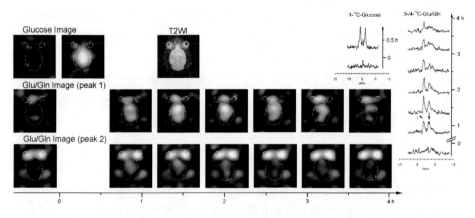

図1　ラット脳における^{13}C標識ブドウ糖の代謝画像
^{13}C MR信号は^{1}H MR信号による逆検出で得ている。ブドウ糖，グルタミン酸（グルタミン）の画像と通常の形態画像を示した。代謝画像の計測時間約30分。化学シフトの軸でピーク1とピーク2が区別されるため，同一のデータからそれぞれのピークに対応する画像が描出できる。

4 細胞の磁気標識とMRIによる追跡

　MR画像は生体中の水分子の水素原子核に由来するMR信号を検出し，その強度を平面の位置情報に対応して表示し，画像にしたものである。したがって，MR画像の信号の強度は，元々の水分子の数，即ち，その濃度に比例する。これに加え，MR信号は緩和時間と呼ばれる，信号の生成や消滅過程に関連する時間的なパラメータにも依存する。MR画像法で，病巣の明瞭なコントラストが得られる理由は，病巣に含まれる水分子のMR信号が持つ緩和時間が，辺縁の正常な組織中の水分子の緩和時間と異なることによる。このMR信号の緩和時間に，縦緩和時間（T_1）と横緩和時間（T_2）が含まれ，MR画像診断では，T_1-強調画像やT_2-強調画像が一般的に使われている。

　MR画像で病巣をさらに鮮明に浮かび上がらせようとすると，病巣と正常組織の間で緩和時間の差をより大きくする必要がある。MR画像法では造影剤と呼ばれ，病巣部の水分子と選択的に相互作用をして，そのMR信号の緩和時間を短縮させる常磁性の試薬（MRでは造影剤と呼ばれる）を採用する。一般に常磁性金属イオンはMR信号の緩和時間の短縮効果を持つが，中でもその効果が際立つ緩和試薬としてガドリニウム・イオンのキレート剤が臨床では造影剤として利用されてきた。このような造影剤は，白黒のMR画像ではあたかも白か黒の絵の具のように働く。例えば，MR信号の強度が減少すれば，MR画像では黒く写り（主としてT_2-強調画像），逆に，信号強度が相対的に増強するとMR画像では白く写る画像コントラストが得られる。

　このMR造影剤を分子認識に応用することが可能である。特定のタンパク質に対する抗体にMR造影剤を担わせ，目的のタンパク質に結合した部位にコントラストを与えて画像化する，タンパク質の画像化法が試みられた[1]。この手法は80年代から始められたものの，標的とするタンパク質の濃度が低い上，造影剤自身の緩和時間短縮効果も限られていたために，MR画像での識別が容易ではなく，これまでは注目されるほどの目覚しい成果は上げられてこなかった。しかし，最近になって超常磁性酸化鉄（Super Paramagnetic Iron Oxide：SPIO）などの微量でもMR画像に影響を及ぼす非常に強力な造影剤が開発され，これまでの障壁のひとつが乗り越えられた。

　Bulte等[2]は高分子化合物であるデンドリマーに常磁性金属を担わせた新しい造影剤を開発した。この造影剤は細胞表面のタンパク質を標的とせず，細胞膜の中へ直接挿入することを狙ったMR造影剤である。その後，市販の遺伝子導入剤がこれもまた市販のMR造影剤であるSPIO（肝臓用の陰性MR造影剤）を細胞内へ導入できることが分かり，細胞標識がさらに容易になってきた。実際，神経幹細胞にUSPIO（Ultra small SPIO）を導入し，ラット脳の虚血モデルで，標識された移植幹細胞が虚血による傷害部位に遊走することがMRIで確認されている[3]。しかし，MRI造影剤は酸化鉄とそれを包むデキストランで構成されており，陽イオン性の遺伝子導入剤が，遺伝子の様に陰イオンではない常磁性鉄粒子を細胞内へどのようにして移送するのかは，まだ解答が得られていない。このことから，標識試薬のイオン性に左右されない，さらに効

第15章　プローブを用いるMRI分子イメージング

率の良い細胞への導入技術が必要であろう。これまでの細胞の標識化やMRによる細胞追跡は総説にもまとめられているので参照されたい[4]。

5　ES細胞の生体内追跡

ここからは，我々が採用している細胞標識法を紹介しておこう[5]。標識剤にはMRIの陰性の造影剤として普及している超常磁性酸化鉄（Super Paramagnetic Iron Oxide：SPIO）の，フェリデックス（田辺製薬）とレゾビスト（日本シェーリング）を使用した。一方，これらの標識剤を細胞内へ移送する方法として，大阪大学遺伝子治療教室で開発された，遺伝子導入のための膜融合活性を持つセンダイウイルス（Hemagglutinating Virus of Japan：HVJ）のベクター・エンベロープ（HVJ-E：GenomOne-Neo，石原産業）[6]を使用した。このベクターは遺伝子以外に，タンパク質や薬物の細胞内への輸送にも優れた効果を発揮する。

この手法をマウスES細胞の生体内可視化に応用したところ，MR造影剤とHVJ-Eの組み合わせはきわめて効率よくES細胞の常磁性標識化が行えることが分かった。実験ではマウスの神経幹細胞をレゾビストで標識し，事前にカイニン酸を投与してんかんモデルを作成したマウス

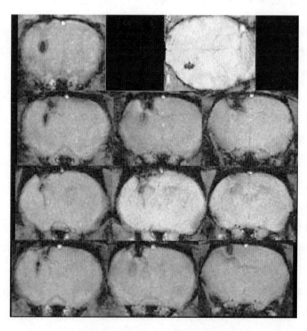

図2　ラット脳内の神経幹細胞の追跡

1日後（最上段），13日後（中上段），20日後（中下段），55日後（最下段）。本図の左側はラット脳の前方，右側は後方の断層画像を示す。MR標識を施した神経幹細胞をラット線条体に移植した。移植直後のMR画像（最上段）では，神経幹細胞が線条体に移植されていることがわかる。13日目（中上段）では移植された線条体から，後上方の皮質へと移動している。この傾向は，20日目と55日目にも観測されている。

脳の海馬へ移植することにした。ちなみに，これらの細胞は標識後も，無処理の神経幹細胞と同様の増殖性を示したばかりか，ニューロンやグリアへの分化にもほとんど差異が認められなかった。このことから，培養の段階では常磁性鉄標識剤が神経幹細胞に対して毒性を持たないことを示唆する。

　図2では，ラット脳の線条体に移植した標識神経幹細胞をMR画像法で長期間追跡した結果を示している。この場合，T_1-強調で撮像しても，標識された幹細胞の位置が，T_2^*-強調画像と同様に低信号領域として観測される。解剖学的構造が良く分かるこの画像から，標識細胞の脳内での部位が正確に同定でき，標識細胞の分布が周辺組織と関連して詳しく観察できるようになった。図2での最上段は，脳内への移植直後の標識細胞が線条体に位置していることを示している。しかし，13日後には移植部位からやや後方表層の皮質付近へ標識細胞が移動していることが認められた。このことは，細胞を移植した際の刺入創（外傷）に向かって神経幹細胞が移動したと考えられる。20日後，55日後と観察を続けると，コントラストの強さは漸減するものの，同じ部位でMR標識が観察される。このことから，本標識法は移植細胞の部位を見極めるのみならず，脳内での移動をも経時的に追跡できることが明らかになった。

6　ミクログリアとアルツハイマー病

　免疫に関連する細胞もMR画像を用いて追跡できる。例えば，脳内での防御をつかさどるミクログリアはアルツハイマー病の老人斑である集積したアミロイドを除去することに関係していると示唆されている。そこで，アルツハイマーのモデルを作成するために，βアミロイド（Aβ）をラット脳に投与し，その部位にミクログリアが集積するか調べた[7]。

　Aβを投与した部位は図3Aのラット脳のMR画像の矢印の部位で，その反対側にはコントロールのために生理食塩水を投与した。この処置を施した3日後に，レゾビストで標識したミクログリアを静脈から導入し，その1日後にMR画像を撮像した（図3A）。この画像はラット脳のT_2^*-強調MR画像（水平断）を示す。この画像から，Aβが投与された部位（矢印）に常磁性標識されたミクログリア（静脈から投与）が集積していることを示す。一方，生理食塩水が投与された反対側にはこのような集積は観察されなかった。このMR画像に対応する組織化学の画像とその拡大を図3BとCに示した。MR画像のコントラストに対応する部位に鉄粒子で標識されたミクログリアが集積していることが確認でき，MR画像と良い一致を見せる。図3の拡大図では，Aβが高濃度に蓄積した部位（灰色）に標識したミクログリア（暗色）が集積している。このミクログリアが実際にアミロイドを除去しているかどうかは不明ではあるが，少なくとも貪食作用を持つミクログリアが特異的に集積することがMR画像で確かめられた。ミクログリアの働きを利用してAβ沈着を取り除くというアルツハイマー病の新しい治療戦略にも期待が持てそうである。

第15章　プローブを用いる MRI 分子イメージング

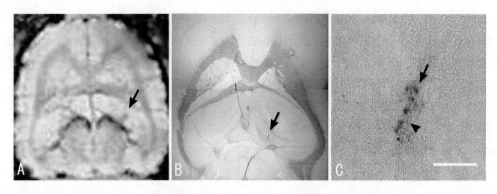

図3　アルツハイマー病モデルとミクログリア
A. ラット脳の T_2^*-強調 MR 画像（水平断），B. 組織化学画像と C. その拡大図（スケール・バーは 50μm を表す）。βアミロイドが投与された部位（矢印）に常磁性標識されたミクログリア（静脈から投与）が集積していることを示す。Aβ 投与の反対側には生理食塩水がコントロールとして投与されている。B は MR 画像（A）に対応する組織画像で MR 画像のコントラストが得られる部位に鉄粒子で標識されてミクログリアの集積が観察された。C は B の拡大図で Aβ（灰色）の沈着した部位にミクログリア（暗色）が集積している。

7　様々な MR 分子イメージング用プローブ

　一般的に Gd イオンのキレートからなる MR 造影剤は標的に対して特異性がなく，血管の正常な機能が失われた病巣には集積するが，血管内にとどまる造影剤はできるだけ速やかに体外へ排出されるように分子設計がなされてきた。これに対し，キレートの側鎖にさまざまな化学修飾を施し，生体中で特定の化学的環境にある部位に集積して，MR の造影剤としての機能を発揮するように分子設計がなされた分子イメージングのための造影剤が開発されようとしている。これらはスマート造影剤とも呼ばれ腫瘍に関連する酵素，例えば，プロテアーゼに反応し，分子の立体構造を変えることで造影効果をもたらす標識剤も合成されている。現時点では MR 用常磁性鉄粒子と蛍光色素との併用で，腫瘍の描出が試みられている。また，ガドフルオリン（シェーリング社）のように，キレート分子の側鎖をパーフルオル（フッ素）化することで，脂質への親和性が格段に増すように分子設計がほどこされている。この造影剤は水溶液ではミセルを形成するが，リンパ節の画像化[8]や血管内のプラーク[9]の特異的な造影に用いられている。
　MR による分子イメージング用造影法として，CEST（Chemical Exchange Saturation Transfer）が注目されている。通常 MRI で観測する水分子の水素原子と交換可能な分子の水素核の MR 信号を飽和することにより，水の信号強度の低下をもたらすことで，造影効果が得られる。この場合，水分子の化学シフトから十分に離れた位置に共鳴線を持つ相手方の飽和される分子が必要で，通常は常磁性物質が用いられる。これは特に PARACEST（常磁性化学交換飽和転移試薬）[10]と呼ばれている。CEST 試薬としては，デンドリマーをベースにする常磁性造影剤，水分子と交換可能な側鎖を持つポリペプチドを利用する CEST 造影剤としてランタニド系列の

Euイオンを用いた効率の良い造影剤などが知られている。水分子の化学シフトからできるだけ離れた化学シフトを持ち，しかも，水分子のT_1をあまり短くさせない常磁性の造影剤がCESTに有効であることはいうまでもない（注：通常用いられるGdイオンのMR造影剤が緩和試薬と呼ばれるのに対して，Euはシフト試薬と呼ばれている）。

さらにMR画像で細胞を長期にわたって追跡を行うとすると，上述の常磁性鉄標識剤ではその標識が細胞外に放出されたり，幹細胞にあっては分裂により，標識剤の濃度が減少分化し，造影効果が減衰してしまう場合がある。また，ガドリニウムなどのランタニド系造影剤は，その毒性から，体内での長期滞留には問題があり，できるだけ速やかに体外に排出されるようにしなければならない。そこで緑色蛍光のGFPのように，MRで長期にわたって効果的に検出できるレポーター遺伝子の開発が望まれている。これには，鉄による常磁性効果を活用するフェリチン（Ferritin）を過剰産生させる手法が用いられる[11]。

8　マルチモダリティーの活用

MR法は侵襲性が小さく，しかも高解像度の画像が得られる診断法ではあるが，いくつかの短所も持ち合わせている。中でも，MR法単独で分子や細胞の情報を引き出すことが決して容易ではない。また，分子標的を画像化する標識剤も，他のモダリティーに比べると極端に数が少ないのが実情である。一方，核医学の領域では，PET用に多数の標識剤が開発され，分子イメージングでの癌の検出に利用されている。しかし，標的を識別する手法として，癌を見出すことは容易ではあるが，背景となる解剖学的な画像情報を持ち合わせないために，CTやMR画像など他の手法で計測した画像と融合しなければ，診断情報にはなり得ない。このため，最近ではCTを組み合わせたPET-CTが開発され，その普及が急速な勢いで拡大している。PETと同様に光を用いたイメージングも共通の問題点をはらみ，しかも，体内深部臓器の検出感度や解像度に関しては，MR画像法には及ばない。

このような観点から，分子イメージングは単一の測定手法だけで全ての情報を収集することは難しく，いくつかのモダリティーを組み合わせることによって，互いの短所を補い合いながらそれぞれの長所を生かし，分子イメージングとしての生体情報を最大限に引き出せるようになるであろう。ちなみに，現在普及しつつあるPET-CTがその最たる例であり，軟部組織の画像に長けたMRIをPETと組み合わせるPET-MRIもすでに開発されている。光イメージング法もMR法と組み合わせることで，互いの短所を補い合いながらそれぞれの長所が生かせる，分子イメージングの有効な手法になるであろう。このために，MRI用と蛍光の二種類のプローブを配置したバイモーダル・プローブの開発も始まっている。

第 15 章　プローブを用いる MRI 分子イメージング

9　おわりに

　本稿で解説した MR による代謝計測や磁気的標識による MR 細胞追跡法が MR の分子イメージング法として臨床に応用されるまでには，まだかなりの時間を要するかも知れない．しかし，今日用いられている細胞標識法の，蛍光色素や遺伝子標識を利用した方法は生体内での画像化が難しく，一方，核医学的手法にも侵襲性や画像解像度，あるいは，長期間の継続的な観察に問題が残る．この点，MR 画像による細胞追跡法は，標識の無害化が達成されると，再生医療や細胞治療を推進する重要な画像法になると期待される．まさに，MR 法は生体内での移植細胞の居場所を特定し，その機能が代謝画像で計測できる一石二鳥のポテンシャルを秘めている．

文　　献

1) W. S. Enochs, P. G. Bhide, N. Nossiff *et al.*, *Exp Neuro*, **123**, 235-42 (1993)
2) J. M. W. Bulte, S. C. Zhang, P. Gelderen *et al.*, *Proc Natl Acad Sci USA*, **96**, 15256-61 (1999)
3) M. Hoehn, E. Kustemann, J. Blunk *et al.*, *Proc Natl Acad Sci USA*, **99**, 16267-72 (2002)
4) M. Modo, M. Hoehn and J. W. M. Bulte, *Molec. Img.*, **4**, 143-164 (2005)
5) K. Toyoda, I. Tooyama, M. Kato, *et al.*, *Neuroreport*, **15**, 589-93 (2004)
6) Y. Kaneda, T. Nakajima, T. Nishikawa *et al.*, *Molec Therapy*, **6**, 219-26 (2002)
7) Y. Song, S. Morikawa, M. Morita, T. Inubushi *et al.*, *Histol Histopathol*, **21**, 705-11 (2006)
8) G. Staatz, C. C. Nolte-Ernsting, G. B. Adam *et al.*, *Radiology*, **220**, 129-34 (2001)
9) J. Barkhausen, W. Ebert, C. Heyer *et al.*, *Circulation*, **108**, 605-9 (2003)
10) S. Zhang, M. Merritt, D. E. Woessner *et al.*, *Acc Chem Res.*, **36**, 783-90 (2003)
11) G. Genove, U. DeMarco, H. Xu *et al.*, *Nat Med.*, **11**, 450-4 (2005)

第16章 幹細胞を可視化する蛍光小分子化合物

平田　直[*1]，上杉志成[*2]

1 はじめに

　生命現象をこの目で見てみたい。生物は細胞内で起こる多種多様な生体機構に基づいて生きている。この複雑にからみあった生体機構を理解するためには，それらの生体機構を可視化し，観察する必要がある。しかし，生体内で起こる現象を可視化することは簡単ではない。これまでは組織や細胞を断片的に取り出して観察していたが，これは生きている現象を必ずしも正確には捉えていなかった。

　蛍光イメージング法は，目標とする対象物（組織，細胞，タンパク質，核酸など）に目印となる蛍光ラベルを付けて，それらを外部から蛍光顕微鏡で観察する手法である。蛍光イメージング法を用いることによって生命現象を生きたままの状態で経時的に捉えることが可能になった。この技術がいかに重要で画期的であったかは，2008年の下村脩氏，Martin Chalfie 氏，Roger Y. Tsien 氏のノーベル化学賞受賞を見れば明らかであろう。蛍光イメージング法のような非侵襲的かつ視覚的に捉える手法の開発により，未知なる生体機構が次々と解き明かされるようになった。ここでは，化合物による蛍光イメージング法によって，幹細胞を可視化する方法を紹介する。

2 幹細胞の登場

　残念ながら人は怪我をしたり，病気になったりする。多くの場合は薬の投与や外科的治療で完治するであろう。しかし，何らかの理由で損傷した生体の機能が回復できないこともある。このような損傷を受けた生体の機能を外来の細胞や組織を用いて復元させるのが再生医療だ。この再生医療の分野で，注目されているのが幹細胞である。1998年に James Thomson らによって，胚盤胞から内部細胞塊を取り出しそれらを培養して得られる胚性幹細胞（Embryonic stem cell, ES 細胞）が樹立された[1]。ES 細胞は高い増殖能とさまざまな細胞や組織へ分化する能力を有する。ES 細胞の開発は，分子生物学，分子発生学および病態生理学などの基礎研究の進展に大きく貢献した。一方で，ES 細胞を用いた再生医療技術の実用化に関しては，倫理問題や拒絶反応といった大きな課題に直面していた。このような背景のもと，2007年に山中らによって，ヒトの皮膚細胞に Sox2, Oct4, Klf4, c-Myc の4因子を導入することで細胞の初期化が誘導される

---

* 1　Nao Hirata　京都大学　物質-細胞統合システム拠点・上杉グループ　博士研究員
* 2　Motonari Uesugi　京都大学　物質-細胞統合システム拠点　教授

第16章 幹細胞を可視化する蛍光小分子化合物

ことが報告された[2]。この初期化された細胞は人工多能性幹細胞（induced pluripotent stem cell, iPS 細胞）と呼ばれ，ES 細胞と同様，自己増殖能と分化能を持っている。iPS 細胞は患者自身の細胞から樹立することができるので，ES 細胞が抱えていた倫理問題や拒絶反応といった重大な問題も克服できるであろう（図1）。それゆえ，iPS 細胞は革新的な再生医療技術として注目されている。しかしながら，その実用化のためには依然として残っている問題もあり，その一つは移植後のガン化であろう。iPS 細胞によるガン化は導入された4因子のうち c-Myc によって引き起こされることが分かった[3]。この問題を解決するために，2010 年に中川らによって，c-Myc の代わりに L-Myc を導入して iPS 細胞の誘導効率を上昇させ，かつ，ガン化を防ぐ手法が開発された[4]。また，2011 年に前川らによって，これまでの4因子に加え Glis1（未受精卵や受精卵1細胞期で高度に発現している転写因子）と呼ばれる因子を導入することで，安全性の高い iPS 細胞を効率よく作製できる可能性が示された[5]。

ES 細胞や iPS 細胞から誘導した分化細胞を患者に移植した場合，未分化状態の幹細胞が少しでも残っていると腫瘍化の危険性が高くなる。真に安全かつ高度な再生医療技術の実現に向けては，未分化状態の幹細胞と分化細胞とを明確に識別し分離すること，すなわち，細胞の純化が極めて重要となる。このような観点から，幹細胞を可視化する蛍光化合物の開発は非常に有用だ。幹細胞特異的な蛍光プローブがあれば，混在する幹細胞を容易に識別できるであろう。また，このような蛍光小分子プローブを用いることにより，幹細胞作成の標準化も期待される。幹細胞ができたかどうかの指標となるのは，主に形態観察や増殖能・分化能などの顕微鏡観察であり，熟練と経験が必要だ。幹細胞を特異的に染色する蛍光小分子を用いれば，幹細胞とその他の細胞を

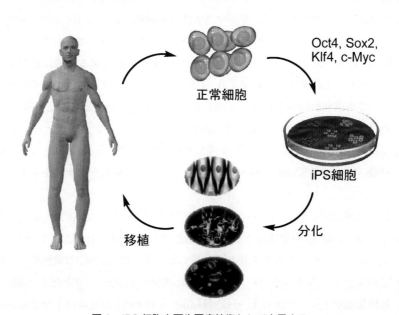

図1 iPS 細胞を再生医療技術として応用する

簡便に見分けることができる。これにより幹細胞が，多方面の研究者が利用できる身近な研究材料になりうるだろう。幹細胞を検出する蛍光小分子は，幹細胞の再生医療への利用をより現実的なものにし，多方面への普及を促進すると期待される。本稿では，幹細胞を可視化する蛍光小分子化合物に関する研究を紹介する。

3　幹細胞のイメージング①

ヒト未分化幹細胞の特異的な検出には SSEA-4（stage-specific embryonic antigen 4）の抗体が利用されている。SSEA-4 は初期胚の細胞表面に発現する糖脂質であり[6]，ヒト ES 細胞やヒト胚性癌腫（embryonic carcinoma, EC）細胞の表面に未知の理由により選択的に提示されている。その他に利用されている指標には，Oct3/4, Nanog などの転写因子がある。Oct3/4 や Nanog は幹細胞の未分化状態を維持するために必要な転写因子で，分化誘導によって下方制御される。これらの指標の抗体は未分化細胞の識別に有用であるが，細胞の固定化・膜透過化などの煩雑な操作，高コストなどの問題がある。汎用されている他の指標は，ES 細胞や EC 細胞において未知の理由で高発現しているアルカリホスファターゼである。アルカリホスファターゼの酵素活性検出は簡便性の高い優れた手法であるが，この酵素は多くの分化細胞にも発現しており，特異性が問題だろう。

2010 年に Young-Tae Chang らのグループによってマウス幹細胞を高感度に可視化する蛍光小分子化合物が報告された[7]。これまでに彼らは，固相合成法を利用してローザミン骨格を有する蛍光化合物ライブラリーをコンビナトリアルに合成する手法を開発した（図2）[8]。

この蛍光化合物ライブラリーを用いて，マウス胚性幹細胞（mouse ES cells, mESC）に対するハイスループットスクリーニングを行った。その結果，モルホリノ基を有するローザミン誘導体：CDy1 を見出した（図3(a)）。Oct4（幹細胞内で分化能を維持するために必要な因子で，幹細胞の抗体マーカー）との共染色の結果より，CDy1 は，フィーダー細胞であるマウス胎児繊維芽細胞と比較して高感度かつ高選択的に mESC を染色することが確認された（図3(b)）。通常，幹細胞は予め播種したフィーダー細胞上で培養するため，フィーダー細胞と mESC とを識別することは意義がある。同様に，CDy1 はマウス人工多能性幹細胞（mouse iPS cells, miPSC）やヒト胚性幹細胞（human ES cells, hESC）に対して特異的に蛍光シグナルを示すことが確認された（図3(c), (d)）。

次に彼らは，初期化因子の一つである Oct4 をプロモーターとして GFP を発現するよう改変された細胞を構築し，Oct4 の発現量と CDy1 の染色度合を比較した。Oct4 の発現量は GFP で可視化することができ，それをモニタリングすることによって miPSC の成熟度を評価することができる。このようなシステムを用いて CDy1 の認識能と miPSC の成熟度との相関を調べた。その結果，初期化処理を施してから 11 日後（11dpi）では Oct4 の発現は十分でないにも関わらず，CDy1 は顕著にこれらの細胞を染色することが確認された（図4(a)）。このことは，CDy1 が

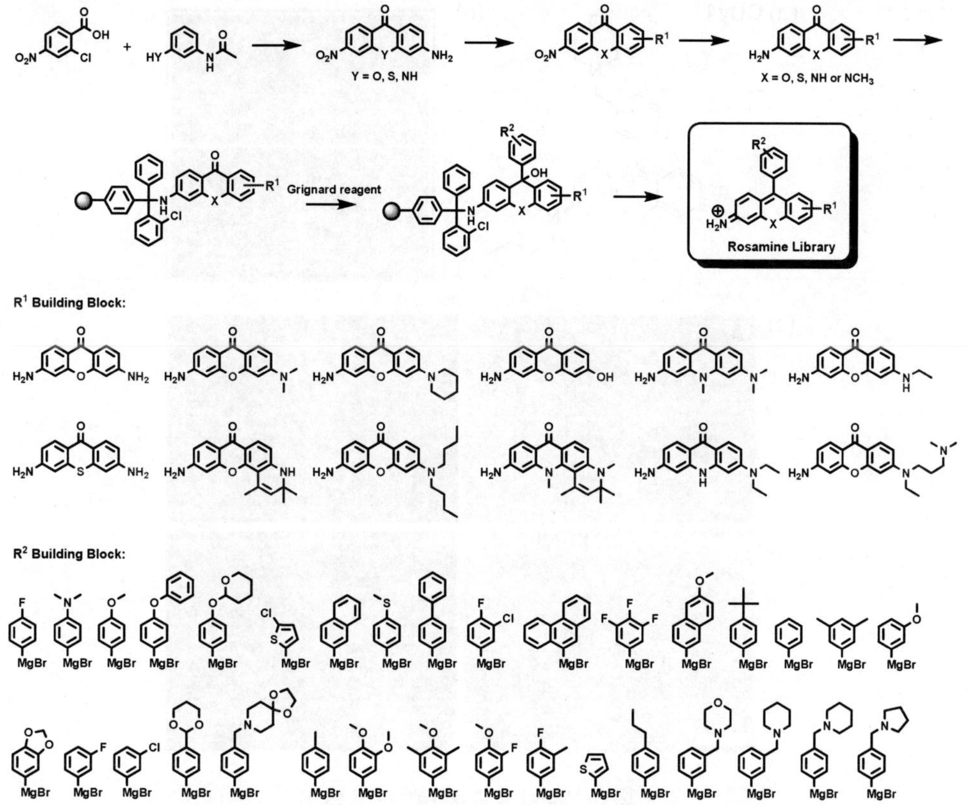

第 16 章 幹細胞を可視化する蛍光小分子化合物

図 2 固相合成法によるローザミンライブラリーの構築

幹細胞作成の標準化とし利用できる可能性を示唆している。CDy1 は未分化状態の幹細胞に対して特異的な蛍光シグナルを発する一方で，分化した細胞は染色しない。mESC を培養している系から白血病抑制因子（leukemia inhibitory factor, LIF）を除いて培養を行うと mESC は増殖能を維持できなくなり分化し始める。彼らは，このような分化し始めた細胞を用いて CDy1 の蛍光挙動を調べた。LIF を除いてから 3 日後には細胞の形態も変化し，見た目にも分化したことが確認できる。この細胞に CDy1 を添加して蛍光観察したところ，細胞内での蛍光発光は確認されなかった（図 4(b)）。このことは，CDy1 を用いて未分化および分化状態を明確に識別することができることを示している。

4 幹細胞のイメージング②

上に紹介したように，mESC によるスクリーニングによって，マウス多能性幹細胞を選択的に染色する蛍光プローブは開発された。この蛍光プローブは hESC も染色したが，ヒト多能性幹細胞への選択性を最適化したものではない。mESC と miPSC，hESC と hiPSC は酷似している

蛍光イメージング／MRI プローブの開発

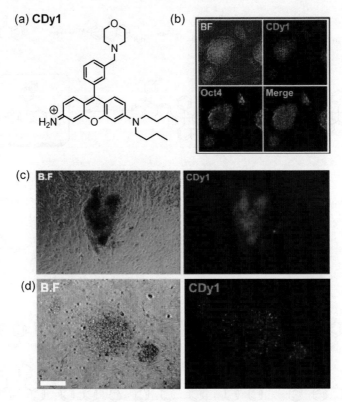

図3 CDy1 による幹細胞の染色
(a) CDy1 の構造, (b) mESC の蛍光像, (c) miPSC の蛍光像, (d) hESC の蛍光像

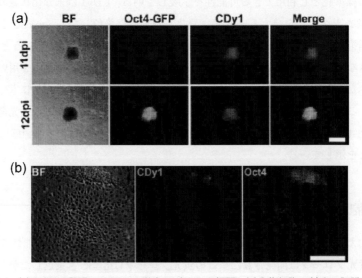

図4 (a) Oct4 の発現と CDy1 の蛍光シグナルの相関, (b) 分化細胞に対する認識能

第 16 章 幹細胞を可視化する蛍光小分子化合物

が，ヒトとマウスの間では多能性幹細胞の形態や性質が異なることが知られている。

そこで我々は，ヒト多能性幹細胞（hiPSC 及び hESC）を特異的に検出する蛍光小分子プローブを見出すことを目的として，蛍光化合物ライブラリー（計 326 個）を用いてスクリーニングを行った。hESC を使ってスクリーニングすることが望ましいが，倫理的な問題があった。そのため，hiPSC を用いて蛍光化合物ライブラリーのスクリーニングを行った。その結果，hiPSC に対して優位に蛍光シグナルを示す 21 個の化合物を見出した。これら 21 個の化合物のうち，比較的シンプルな構造を持ち，フィーダー細胞と hiPSC との蛍光強度差が顕著な蛍光分子に着目した。以下，この蛍光分子を KyotoProbe-1（KP-1）と呼ぶ。図 5 に示した蛍光像から分かるように，KP-1 はフィーダー細胞と比較して hiPSC に対して特異的に蛍光シグナルを発することが確認された。

さらに，蛍光小分子 KP-1 の hiPSC に対する特異性をフローサイトメーター（FACS）で詳細に解析した。hiPSC を培養・捕集した後，KP-1 による蛍光染色，次いで，SSEA-4 抗体と抗 SSEA-4 抗体（アレクサフルオロ 647（Alx647）で蛍光標識）による免疫染色を行った。SSEA-4 は前述のように，未分化幹細胞を識別する抗体マーカーである。その結果，KP-1 でポジティブかつ SSEA-4（Alx647）でポジティブな領域に細胞母集団の分布が見られた。これは，KP-1 と未分化幹細胞マーカーである SSEA-4-Alx647 の蛍光シグナルが一致していることを示しており，KP-1 が hiPSC に対して特異的な蛍光小分子プローブとして機能し得ることを示唆している。

蛍光化合物ライブラリーをスクリーニングして KP-1 を見出す過程で，我々は興味深い現象を見つけた。KP-1 で染色された hiPSC コロニーの中で，中央部分が染まっていないコロニーが観察された（図 6）。一般に，細胞の増殖が接触阻害により抑制されると分化が起こるとされている[9]。したがって，この中央部分は未分化状態から分化状態へ変化し始めたものと考えられる。このような知見から，KP-1 は未分化状態の iPS 細胞と分化細胞を明確に識別し得ることが示唆された。現在，KP-1 がどのようにして多能性幹細胞を見分けているのかを研究し，徐々にメカニズムが判明しつつある。

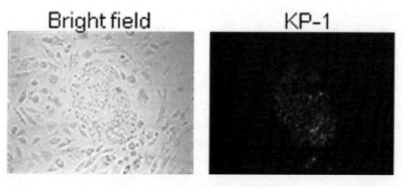

図 5　KP-1 による hiPSC の蛍光像

蛍光イメージング／MRI プローブの開発

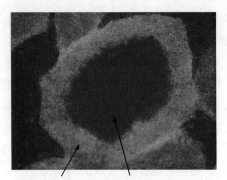

未分化細胞　　分化細胞

図 6　KP-1 は未分化幹細胞を識別する

5　おわりに

これまでに開発された生体分子を可視化する蛍光小分子は枚挙に遑がない。これらの蛍光プローブを用いることによって，今まで分らなかった生体機構が解明され，その結果，分子生物学，病態生理学および画像診断の分野は格段の進歩を遂げた。しかし，すべての生命現象が解き明かされたわけではない。iPS 細胞に関して言えば，前述の 4 つの初期化因子で iPS 細胞になるまでの生体機構や分化のメカニズムなど，まだまだ未知の部分も多い。このような問題も，本稿で紹介した未分化幹細胞に対する特異的な蛍光プローブの動的挙動や蛍光発光特性を詳細に解析することにより解き明かされるものと期待される。

文　献

1) Thomson, J. A. *et al.*, *Science*, **282**, 1145-1147 (1998)
2) Takahashi, K. *et al.*, *Cell*, **131**, 861-872 (2007)
3) Okita, K., Ichisaka, T. & Yamanaka, S., *Nature*, **448**, 313-318 (2007)
4) Nakagawa, M. *et al.*, *Proc. Natl. Acad. Sci. USA*, **107**, 14152-14157 (2010)
5) Maekawa, M. *et al.*, *Nature*, **474**, 225-229 (2011)
6) Henderson, J. K. *et al.*, *Stem Cells*, **20**, 329-337 (2002)
7) Chang-Nim Im, *et al.*, *Angew. Chem. Int. Ed.*, **49**, 7497-7500 (2010)
8) Young-Hoon Ahn *et al.*, *J. Am. Chem. Soc.*, **129**, 4510-4511 (2007)
9) Bortell, R. *et al.*, *J. Cell. Biochem.*, **50**, 62-72 (1992)

【第4編 イメージングを可能とする周辺技術】

第17章 量子ドットデリバリーシステム

戸井田さやか[*1], 秋吉一成[*2]

1 はじめに

近年,様々な新規なプローブを用いたイメージング手法が開発されている。その際,イメージングしたい場所にプローブをいかに運ぶかというデリバリーシステムが重要である。本稿では,蛍光プローブとして量子ドット（Quantum dots, QDs）を取り上げ,そのデリバリーシステムの動向について概説する。QDs は直径が 2-10 nm 程度の半導体結晶よりなるナノ粒子で,量子サイズ効果により蛍光を発する。従来の蛍光色素や蛍光タンパク質に比べて蛍光強度が極めて大きく,また耐退色性にも優れている。さらに,単一励起波長により蛍光波長の異なる QDs の発光を得られることから,多色蛍光の QDs プローブとしての利用も可能である。これらのことから QDs は,バイオ・医療分野でのイメージングや診断への応用が期待されている[1]。一方で,QDs は細胞との親和性は低く,生細胞にはほとんど取り込まれないことや,QDs の生体への安全性に関して問題があるため,QDs を生体内に安全かつ効率良く導入してイメージングするためのデリバリーシステムの開発が行われている。QDs 表面への分子修飾や,QDs を生体内に導入するために,キャリアとナノサイズでの複合体を形成することにより高効率なデリバリーとイメージングが可能になっている[2]。近年では QDs の蛍光特性とデリバリーシステムを組み合わせることにより,QDs によるイメージングと診断,さらにはターゲット能を付与することで疾患の治療をも同時にできるマルチな機能をもたせたシステムが開発されている[3]。

2 量子ドットの特性

QDs はⅡ-Ⅵ族の原子からなるナノメートルサイズの半導体結晶で,10^2-10^4 個程度の原子から構成される[4]。セレン化カドミウム（CdSe）や硫化カドミウム（CdS）,セレン化亜鉛（ZnSe）,硫化鉛（PbS）よりなる QDs が汎用されている。ナノ結晶中に電子,正孔や励起子が数ナノ以下の微小な空間に閉じこまれるため,粒子サイズに特有な光吸収と発光特性を示す。励起幅が広く蛍光波長が狭いというユニークな光学特性を有している。また QDs のバンドギャップは,ナノ結晶のサイズが大きくなるとともに減少するため,発光波長は QDs のサイズに対する依存性を示す。また QDs のバンドギャップは半導体の種類にも依存し,現在では可視領域から近赤外

[*1] Sayaka Toita　モントリオール大学　薬学部　化学科　博士研究員
[*2] Kazunari Akiyoshi　京都大学大学院　工学研究科　教授

領域(400-2,000 nm)で発光するQDsの合成が可能である。さらには,耐退色性に優れることから1分子の蛍光測定や長時間での蛍光測定に適している。一方でQDsをバイオ応用するためにはQDs自身の毒性に関しても考慮する必要がある。カドミウム,テルリウム,セレニウムを含むようなQDsでは,しばしば細胞毒性が指摘されている[5]。その原因として,カドミウムなどの毒性の高い金属イオンの溶出やQDsの水溶化のための表面修飾に用いる両親媒性化合物に依ることが報告されている。このため近年では,カドミウムなどの重金属に代わってリン化インジウム(InP)[6]やシリコン[7]をベースとしたQDsが開発されている。

3 細胞内へのデリバリーシステム

QDsを細胞内に導入する方法として,マイクロインジェクションやエレクトロポレーションによる物理的な導入方法と,細胞表面の受容体を介したエンドサイトーシスにより取り込ませる方法に大別できる。またQDs表面にターゲット分子を修飾して機能化させることにより導入を促進する方法や,高分子キャリアとの複合化によってQDsを導入する方法が挙げられる(図1)。

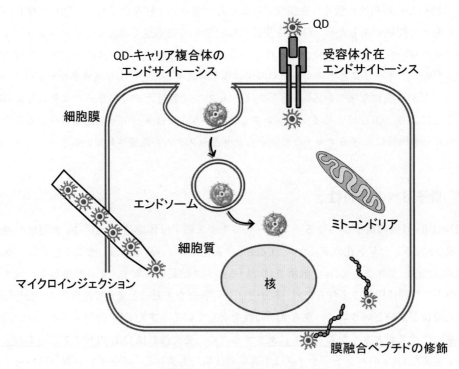

図1　量子ドットの細胞内導入メカニズム

第17章 量子ドットデリバリーシステム

3.1 物理的な導入方法

マイクロインジェクションやエレクトロポレーションは，細胞膜を一過的に破ってQDsを細胞質や核へ導入する方法である。直接QDsをターゲット部位に分散状態で導入可能であることから，QDs粒子による蛍光のトラッキングが可能である。これまでにQDsのマイクロインジェクションによる核やミトコンドリアの選択的なイメージングが報告されている[8]。最近ではイントロンのない成熟したmRNAをQDsに修飾し，サル腎臓由来細胞（COS7）の核内にインジェクトし，その拡散を1分子レベルで観察することに成功している[9]。このようなマイクロインジェクション法は，生体分子の機能解明のツールとして効果的であるものの，1細胞ごとの導入操作は煩雑であることや細胞を損傷する手法である等の問題点もある。

3.2 表面修飾法

QDsの表面に抗体やペプチドなどの機能性分子を修飾しハイブリッド化する技術が確立されてきた。QDs表面のカルボキシル基やアミノ基とのカップリング反応により種々の抗体や低分子を修飾し，受容体依存のエンドサイトーシスにより細胞内に導入する方法が挙げられる[2]。例えば，ビオチンや葉酸を修飾することにより腫瘍へのターゲッティングおよび*in vitro*, *in vivo*でのイメージングが報告されている。またストレプトアビジンを修飾したQDsを用いて，核酸やタンパク質の細胞導入キャリアとして知られるPep-1ペプチドとの複合化と細胞内導入が可能である[10]。さらには，QDsにペプチドを化学架橋し，細胞膜上のレセプターや細胞膜自身との静電的相互作用を高めることにより，細胞内に導入する方法が挙げられる。膜透過性ペプチドとして知られるTATペプチド（ヒト免疫不全ウイルス1型タンパク質由来）を修飾することによりQDsを細胞内に効率よく導入できることが多く報告されている[11]。また，細胞接着性配列として知られるRGDペプチドの修飾により，インテグリンを細胞膜上に発現している血管新生中の内皮細胞への導入が報告されている[12]。

近年では，アプタマー（タンパク質などの標的分子に対して，抗体のような高い親和性と特異性を持つ核酸）をQDsに修飾し，ターゲット能を付与した例が報告されている。神経系の悪性腫瘍であるグリオーマ細胞の周辺に特異的に発現しているテネイシン-Cに対するアプタマー（GBI-10）を結合したQDsに，ポリアミドアミン（PAMAM）デンドリマーをコンジュゲートさせた。ナノ粒子は単分散で神経膠芽腫細胞（U251）特異的に導入されイメージングが可能であった[13]。

3.3 細胞内での動態制御

ナノ粒子を効率よく細胞内に導入させるために，粒子表面をカチオン性に帯電させる方法が多くとられている。アニオン性に帯電した細胞膜と静電的に相互作用することによって細胞内への取り込み効率が向上する。またエンドサイトーシス経路で細胞内に導入されたQDsを細胞質で一様に分布させるためには，QDsの細胞内での動態制御が重要である。とりわけ，エンドソー

ム内などの酸性 pH 条件下においては，QDs の崩壊や酸化により蛍光強度が低下することが知られている。QDs をいかに効率的にエンドソームから細胞質へ移行させうるかが大きなポイントである。QDs にポリエチレングリコール（PEG）とカチオン性ポリマーであるポリエチレンイミン（PEI）をグラフトした PEG-g-PEI と QDs を複合化させ，エンドソームから細胞質への効率良い移行機能を有した QDs キャリアが報告されている[14]。PEI はエンドソーム内の酸性条件下においてプロトン化するため，バッファー効果によりエンドソーム内に塩化物イオンが集積する。そのため浸透圧差によるエンドソームの膨張・破裂により細胞質への移行を効果的になしえる（プロトンスポンジ効果）。これは様々な細胞種に対して効率よくその効果を得られることが示されており，汎用性の高い QDs デリバリーシステムであるといえる。また，初代培養にて得られたマウス間葉系幹細胞にポリアミドアミンデンドリマー（PAMAM）をコンジュゲートした QDs のデリバリーが報告されている。PAMAM デンドリマーのバッファー効果によりエンドソームから効率良く細胞質に移行していることが確認された。また PAMAM デンドリマー修飾 QDs により標識した間葉系幹細胞をマウスに尾静脈注射したところ，QDs のみを導入した場合，24 時間後において蛍光が観察されなかったのに対して，PAMAM デンドリマー修飾 QDs の導入 48-72 時間においても肝臓および脾臓において QDs の蛍光が観察された。PAMAM デンドリマー修飾 QDs がエンドソームから細胞質に移行したことで，それらの蛍光が維持されていることが示唆された[15]。

3.4 ナノキャリアとの複合化による導入法

種々のナノキャリアを用いた薬剤や核酸の in vitro, in vivo へのデリバリーシステムは近年急速に進展している。ナノキャリアを QDs と複合化することで，より効率的な QDs デリバリーとイメージングが可能となっている。

カチオン性リポソームは核酸のデリバリーキャリアとして優れていることが多く報告されている。カチオン性リポソームの QDs のナノキャリアの利用に関しては，Derfus らにより市販のカチオン性リポソームと PEG 修飾 QDs との複合体形成と，そのデリバリー能について初めて報告された[8]。この複合体をエンドサイトーシスにより細胞内に導入させたところ，ペプチドキャリアに比べて高効率に細胞内にデリバリー可能であることが確認された。しかし，カチオン性リポソーム/QDs 複合体が細胞内で数百ナノメートルの凝集体を形成するため，細胞内の核やミトコンドリアなどの特定の小器官のイメージングには課題があることが分かっている。そこで，QDs をカチオン性脂質膜に内包させて約 90 nm のハイブリッド粒子を調製した導入方法が報告されている。この手法により，固形癌内においても QDs の強い蛍光が観察された[16]。

高分子ナノキャリアによるドラッグデリバリーシステムとして，我々が展開してきた疎水化多糖ナノゲルと QDs デリバリーについて概説する。疎水化多糖ナノゲルは，水溶性多糖にごくわずかに疎水基を導入した分子の自己組織化によって形成される，物理架橋点を多点で有するゲル微粒子（粒径；20-30 nm）である[17]。タンパク質を自発的に内包することや，タンパク質の不

第17章 量子ドットデリバリーシステム

可逆な変性を抑制するシャペロン機能を有する従来にないナノ粒子である。近年では細胞内へタンパク質デリバリーとその応用展開を行っている[18]。細胞内にナノゲルを効率よく導入させるために，カチオン性基を修飾したナノゲルを開発した[19]。アミノ基修飾により正電荷を有した粒径30 nm 程度のカチオン性ナノゲルは，種々のタンパク質と相互作用しえ，複合体形成後も同程度のサイズや正電荷を保持していた。とりわけ，ナノゲルを用いて細胞内に導入されたタンパク質は導入後もその活性を有していることを明らかにしている。このカチオン性ナノゲル-タンパク質複合体は低毒性であり，血清条件下でも細胞内への効率的なデリバリーが可能である。

そこで，このナノゲルのタンパク質内包能を利用し，タンパク質を標識した QDs とカチオン性ナノゲルとのハイブリッド粒子を作製し，QDs の細胞内デリバリーを試みた（図2）。カチオン性ナノゲルと IgG やプロテイン A を標識した QDs を複合化させた。複合体を原子間力顕微鏡（AFM）により観察したところ，約 30-40 nm の複合体粒子を形成した。この複合体は，HeLa 細胞をはじめとする様々な細胞に非常に効率よく取り込まれた[20]。さらに，ウサギ間葉系幹細胞（MSC）に複合体を導入して長期培養を行ったところ，培養2週間後においても QDs の蛍光が観察でき，MSC が産生するコラーゲン産生量の大きな減少はみられなかった。カチオン性ナノゲル-QD 複合体は長期にわたり細胞トラッキング可能なナノマテリアルとして有用であることが示唆された[21]。

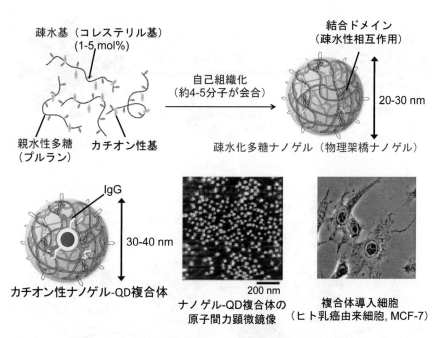

図2 ナノゲル-QD 複合体による細胞内イメージング

蛍光イメージング／MRI プローブの開発

3.5 イメージングと治療の両者を兼ね備えた QDs ナノ粒子

QDs によるイメージングと，コンジュゲートした薬剤のリリースが同時にできるナノ粒子が開発されている。例えば，Bagalkot らはアプタマーをコンジュゲートした CdSe/ZnS-QDs を癌細胞特異的にデリバリーできることを見出した（図 3)[22]。前立腺に特異的な膜抗原を結合させたアプタマー（A10 PSMA）をカルボキシル基修飾 QDs に結合させ，抗腫瘍性の抗生物質であるドキソルビシン（Dox）を 2 重鎖 DNA にインターカレートさせた。その結果，A10 PSMA アプタマーにより前立腺特異的な膜抗原受容体を発現した細胞のみに導入された。リソソーム内に存在する酵素によって PSMA アプタマーは分解され，それに伴い Dox がリリースされた。また Dox がアプタマーにインターカレートされているときは QDs と Dox の蛍光は Bi-FRET によって消光されているが，Dox のリリースに伴い蛍光が回復することから，Dox のリリースの検出が可能であった。QD がコアとなり，ターゲット能を持つアプタマーによるターゲッティングと薬剤のリリースを検出できる多機能なナノ粒子である。

また，核酸の細胞内デリバリーにおいても QDs の利用が報告されている。Wang らは CdSe/ZnS-QDs とプラスミド DNA（pDNA）の複合体の細胞内での解離を FRET 法により検出した[23]。ビオチン-ストレプトアビジンによって結合させた QDs 修飾 pDNA と Cy5 をラベル化したカチオン性多糖（キトサン）を複合化させ，細胞内での pDNA やキトサンキャリアの動態

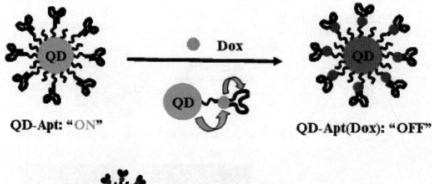

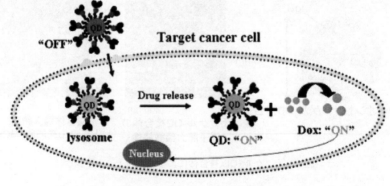

図 3　QD-アプタマー/抗癌剤結合体の細胞内デリバリー
V. Bagalkot *et al.*, *Nano Lett*, **7**, 3065（2007）

第17章 量子ドットデリバリーシステム

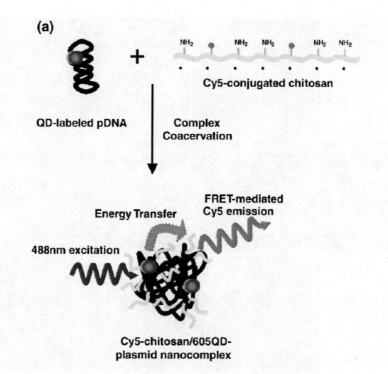

図4 QDラベル化によるpDNA/キトサンキャリアの解離過程のセンシング
Y. P. Ho et al., J Control Release, 116, 83 (2006)

を共焦点レーザー顕微鏡観察とFRET効率の算出により検討した（図4）。ヒト胎児腎細胞（HEK293）に複合体を導入24時間後より時間経過とともにFRETの解消が見られ，キャリアとpDNAとの解離過程を観察できた。またエンドソームでの解離率が高いほどpDNAの発現効率が上昇することが確認できた。細胞内でFRETは細胞内での複合体の解離過程をリアルタイムに観察できることから，キャリアの核酸キャリアの最適化検討にも有用なツールである。またsiRNAとQDsを同時にデリバリーすることでsiRNAによる高いRNAi効果とsiRNAのイメージングが可能であることも報告されている[24]。

3.6 生細胞の多重染色

QDsは1波長励起によって多色の蛍光で観測できることから，細胞の多重染色への利用が可能である。QDsの細胞内へのデリバリー技術を応用して，細胞の固定化や抗体染色による観察法ではなく，生細胞においてQDsによる多重染色が報告された[25]。後期エンドソームを核酸キャリア/QDs複合体，初期エンドソームを膜透過性ペプチド，細胞膜をRGDペプチドによりそれぞれ修飾したQDを，ヒト肺癌細胞の一つであるA549細胞に加えて培養した。細胞質への導入にはマイクロインジェクション法を用いた。異なるデリバリー方法を用いることで生細胞の多重染色が可能であり，汎用性の高い染色方法が開発された（図5）。

蛍光イメージング／MRIプローブの開発

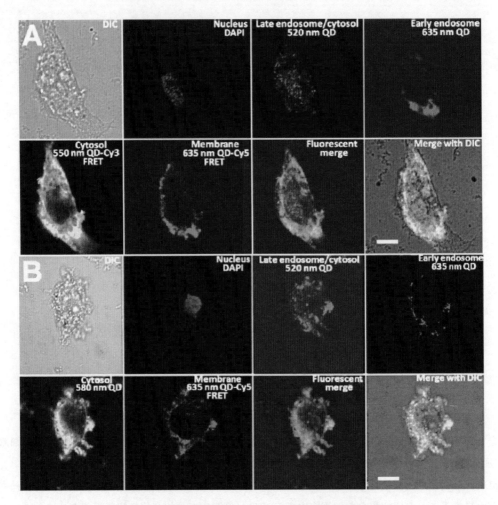

図5　QDsの細胞内デリバリーによる生細胞の多重染色
J. B. Delehanty et al., J Am Chem Soc., 133, 10482 (2011)

3.7　幹細胞治療のためのセンシング

　近年，幹細胞を用いた再生医療研究が非常に盛んになっている。幹細胞の生体への移植による疾患治療法の開発がなされている一方で，治療メカニズムに関しては不明な点が多い。そこで，幹細胞治療機構の解明のために，幹細胞をQDsでラベル化しイメージングする技術が重要となっている。オクタアルギニンペプチドを修飾したQDsをマウスの脂肪由来幹細胞（ASCs）に導入したところ，QDsの蛍光は2週間程度安定でかつ低毒性でイメージングできることが報告された。また，マウスの尾静脈より導入したQDsラベル化幹細胞は，1週間程度高感度にイメージングできることが見出された（図6）。移植した幹細胞の体内動態を詳細にイメージングできる技術が開発され，in vivoイメージングの実用化と幹細胞治療機構の解明が期待される[26]。

第 17 章　量子ドットデリバリーシステム

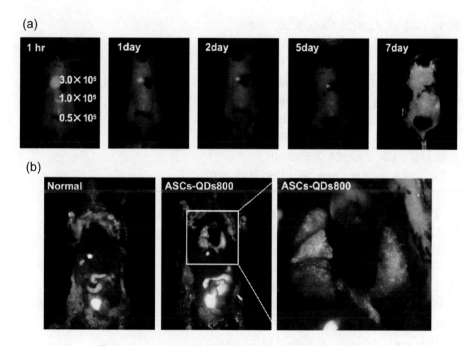

図6　QDs ラベル化幹細胞のマウスへの移植とイメージング
(a) 移植後1時間-7日の QDs のイメージング像，(b) 尾静脈注射後の QDs の肺への集積
H. Yukawa et al., *Biomaterials*, **31**, 4094 (2010)

4　おわりに

　高輝度かつユニークな蛍光特性を有する QDs は，バイオメディカル分野における診断材料としての実用化が期待されている。このとき，QDs の特性を最大限に発揮しうるナノ粒子の開発とデリバリーシステムの重要性が示されてきた。近年では標的指向性の向上や高機能化をめざし，刺激応答による時空間を制御したナノ粒子の開発も注目されている。今後，多彩で高機能な QDs 粒子の開発とその応用が期待される。

文　　献

1) J. A. Barreto et al., *Adv. Mater.*, **23**, H18 (2011)
2) V. Biju et al., *Chem. Soc. Rev.*, **39**, 3031 (2010)
3) P. Zrazhevskiy et al., *Nano Today*, **4**, 414 (2009)
4) X. Michalet et al., *Science*, **307**, 538-544 (2005)
5) H. Mattoussi et al., "Inorganic Nanoprobes", p133, Artech House (2009)

6) K. T. Yong *et al.*, *ACS Nano*, **3**, 502 (2009)
7) Z. Kang *et al.*, *Adv. Mater.*, **21**, 661 (2009)
8) A. Derfus *et al.*, *Adv. Mater.*, **16**, 961 (2004)
9) Y. Ishihama *et al.*, *Biochem. Biophys. Res. Commun.*, **381**, 33 (2009)
10) S. M. Rozenzhak *et al.*, *Chem Commun.*, **17**, 2217 (2007)
11) G. Ruan *et al.*, *J Am Chem Soc.*, **129**, 14759 (2007)
12) B. R. Smith *et al.*, *Nano Lett.*, **8**, 2599 (2008)
13) Z. Li *et al.*, *Mat. Lett.*, **64**, 375 (2010)
14) H. Duan *et al.*, *J Am Chem Soc.*, **129**, 3333 (2007)
15) Y. Higuchi *et al.*, *Biomaterials*, **32**, 6676 (2011)
16) W. T. Al-Jamal *et al.*, *Small*, **4**, 1406 (2008)
17) K. Akiyoshi *et al.*, *Macromolecules*, **26**, 3062 (1993)
18) Y. Sasaki *et al.*, *Chem Rec.*, **10**, 366 (2010)
19) H. Ayame *et al.*, *Bioconjugate Chem.*, **19**, 882 (2008)
20) U. Hasegawa *et al.*, *Biochem. Biophys. Res. Commun.*, **331**, 917 (2005)
21) S. Toita *et al.*, *J Nanosci Nanotechnol.*, **8**, 2279 (2008)
22) V. Bagalkot *et al.*, *Nano Lett*, **7**, 3065 (2007)
23) Y. P. Ho *et al.*, *J Control Release*, **116**, 83 (2006)
24) W. B Tan *et al.*, *Biomaterials*, **28**, 1565 (2007)
25) J. B. Delehanty *et al.*, *J Am Chem Soc.*, **133**, 10482 (2011)
26) H. Yukawa *et al.*, *Biomaterials*, **31**, 4094 (2010)

第18章　プローブデリバリーシステム

秋田英万[*1], 山田勇磨[*2], 中村孝司[*3], 畠山浩人[*4],
林　泰弘[*5], 梶本和昭[*6], 原島秀吉[*7]

1　はじめに

　細胞内のオルガネラを染色する試薬は種々開発されている。しかしながら，それぞれのオルガネラ内の機能を可視化することが大きな課題となっている。例えば，核内でどの遺伝子がどの程度発現しているのか，転写されている mRNA あるいは miRNA などをリアルタイムで可視化することができれば，生細胞の機能解析において新たな扉を拓くことになるであろう。我々は，機能性核酸を核やミトコンドリアへ送達する技術を開発してきたので，最新の技術を紹介する。

　生命科学の著しい進歩は，細胞系における機能解析を超えて，生きた個体におけるイメージング技術を必要としている。種々の可視化プローブを標的組織の標的部位へ選択的に送達することができれば，in vivo 生物学の発展に大きく貢献するとともに，医療分野における診断法の開発や治療法の確立に飛躍的な向上が期待できる。本稿では，がん組織，肝臓，脂肪組織を例に，我々が開発してきた in vivo 送達技術を中心に紹介する。

2　細胞内動態を可視化するDDS

2.1　核送達・核内動態の可視化

　遺伝子治療用ベクターを開発する上では，エンドソーム膜や核膜などの生体膜や，細胞質における DNase，RNase などの分解酵素を主とする様々な生体内バリア（セルバリア）を突破し，最終的な転写部位である核まで送達させる必要がある。ウイルスは，長年の進化と淘汰を経るなかで，これらのセルバリアを突破するための様々な機能を獲得し，これらをナノ粒子内に効率良く搭載した究極的な構造体と言えよう。実際，遺伝子ベクターはウイルスベクターと人工ベク

---

* 1　Hidetaka Akita　北海道大学　大学院薬学研究院　准教授
* 2　Yuma Yamada　北海道大学　大学院薬学研究院　助教
* 3　Takashi Nakamura　北海道大学　大学院薬学研究院　助教
* 4　Hiroto Hatakeyama　北海道大学　大学院薬学研究院　未来創剤学研究室　特任助教
* 5　Yasuhiro Hayashi　北海道大学　大学院薬学研究院　未来創剤学研究室　特任助教
* 6　Kazuaki Kajimoto　北海道大学　大学院薬学研究院　未来創剤学研究室　特任准教授
* 7　Hideyoshi Harashima　北海道大学　大学院薬学研究院　教授

蛍光イメージング／MRI プローブの開発

ターの大きく分けて2種に分類されるが，現在の臨床試験の多くはウイルスベクターを用いたものであり[1]，これは「ウイルスベクターのほうが人工ベクターよりも発現効率が高い」ことに起因する。一般的にこのことが認知されてから長い年月が経過しているが，なぜ人工ベクターの効率は劣っているのか？　この疑問に対する答えはブラックボックスであった。この大きな要因として，遺伝子の細胞内動態の定量法自体が確立されていなかったことが挙げられる。そこで，細胞内動態を解析する新たな方法として，我々は，共焦点レーザー顕微鏡を用いて，エンドソーム／リソソーム，細胞質，核内の遺伝子量を同時に測定する方法論を開発した[2]。遺伝子は細胞に導入後数時間の間はクラスターとして検出される事が明らかとなっている。この現象を利用し，エンドソーム／リソソーム，及び核などのオルガネラを蛍光により染め分けをし，ローダミンラベルした遺伝子の局在を明らかにした上で，「遺伝子のクラスター面積」を遺伝子量の指

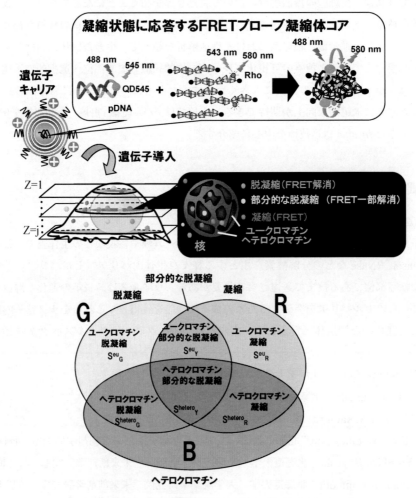

図1　共焦点レーザー顕微鏡を用いた遺伝子の核内挙動解析法

第18章 プローブデリバリーシステム

標として3次元的に定量する方法である（Confocal Image-assisted 3-Dimensionally Integrated Quantification：CIDIQ）。本方法は，細胞内における遺伝子のオルガネラ局在分率についての情報をシングルセルで明らかとすることが可能となる。本方法を用い，我々は，最強の人工ベクターとウイルスベクターの代表として，Lipofectamine PLUS（LFN）とアデノウイルスベクターを選び，両者の細胞内動態比較を行った[3]。RealTime PCR により投与量をマーカー遺伝子のコピー数として表記して比較した結果，同程度の活性を示すのに必要なコピー数は，人工ベクターにおいてアデノウイルスと比較して数千から1万倍多いことが示された[3]。本研究を開始した当初は，このような4-5桁にも及ぶ遺伝子発現効率の差は，細胞内動態のどこかに原因があると考えて研究を進めてきた。しかし，全貌がみえてくるにつれ，初めの両者の間の細胞内動態（核への輸送効率）は，アデノウイルスのほうが数倍程度しか優位性がなく，大きな発現効率の差は，細胞内動態よりも，むしろ核に移行した後の過程（転写・翻訳）に起因することが明らかとなった[3]。さらなる詳細な核内における DNA の挙動を *in situ* hybridization によって解析した結果，遺伝子の脱凝縮性がウイルスと比較して劣ることや，アデノウイルスの局在がユークロマチン領域に局在するのに対し，人工ベクターではランダムに局在している事が示された。

上記のこれらの結果は，今後の人工遺伝子ベクターの開発においては，核内における遺伝子の動態・制御が極めて重要であることを意味するものである。細胞内において様々な細胞内小器官が存在するのと同様に，核内も転写調節などに関わる様々な機能を有する構造体が存在していることが多くの研究により明らかとなっている。今後，人工ベクター開発を行う上で，遺伝子脱凝縮を促進する効率だけでなく，脱凝縮を起こすべき場所についても制御が重要な課題となろう。折りしも，筆者らは，遺伝子にラベルされた量子ドットと，ポリカチオンにラベル化されたアクセプター間で誘起される FRET をイメージングすることにより，遺伝子の凝縮度と，凝縮・脱凝縮が行われる場所の情報を得ることを可能としている[4]。細胞内から核内という，さらなるミクロの世界における遺伝子局在とベクターからの解離性を制御することにより，さらなる効率的な遺伝子ベクターが開発できるであろう。

2.2 ミトコンドリアを標的とする DDS 開発とミトコンドリアイメージングへの応用

ミトコンドリア（Mt）は非常に多様な機能を有したオルガネラであり，その機能の欠損が様々な疾患発症と関連している。例えば，エネルギー産生の中核となる電子伝達系の機能低下による糖尿病，アポトーシスの制御異常による癌・心筋梗塞，mtDNA の変異・欠損による Mt 遺伝病などが挙げられる[5~7]。これらの背景のもと，Mt を標的とするドラッグデリバリーシステム（DDS）および Mt 機能解析のためのイメージング研究が注目を集めている。ここでは，我々が開発した Mt 標的型ナノデバイス MITO-Porter[8] および本デバイスの Mt イメージングへの応用について紹介する。

我々は Mt 標的型 DDS として，Mt 膜との膜融合を介して内封物質を送達する Mt 融合性リポソーム（LP），MITO-Porter を考案した（図2①）[8]。本キャリアの細胞内動態を観察したところ，

蛍光イメージング／MRI プローブの開発

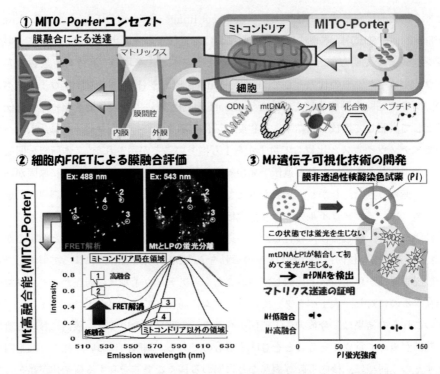

図2 ①MITO-Porter コンセプト，②細胞内 FRET による膜融合評価，③Mt 遺伝子可視化技術の開発

内封物質 GFP が Mt まで送達される様子が確認された。さらに，MITO-Porter を細胞膜融合性脂質膜でコートした多重型 MITO-Porter は，従来型と比較して飛躍的な Mt 送達能を示すことを確認している[9]。

多彩な機能を有する Mt の機能を可視化し，生命原理を探求する試みは古くから行われており，現在までに Mt のカルシウム濃度，アポトーシス，活性酸素，膜電位を検出する優れた蛍光プローブが報告されている。このような背景から我々も MITO-Porter を用いた Mt 機能の可視化を試みてきた。Mt の膜融合を評価する試みとしては，細胞内における FRET を利用した膜融合の解析を行い，生きた細胞の Mt と脂質エンベロープとの膜融合を評価することに成功している（図2②）[8]。また，Mt 遺伝子の可視化を目指した研究も展開している。核酸染色試薬 propidium iodide（PI）を封入した MITO-Porter を単離 Mt および生細胞に添加し，mtDNA が結合して生じた PI 蛍光を観察した。本評価より，MITO-Porter が生細胞においても Mt 遺伝子を可視化できる事が示された（図2③）[10]。

これまでに Mt 機能の可視化を目的とした蛍光プローブが多数開発されているが，試験管内実験では良い成績を収めているにもかかわらず Mt への DDS が問題となり実用化されていないケースもあるだろう。筆者らは，これらの優れた蛍光プローブを世に送り出すための一助として，MITO-Porter が貢献していくことを期待している。

第18章 プローブデリバリーシステム

2.3 抗原提示過程の可視化

　免疫細胞による抗原提示過程は，生体に侵入してきた異物（抗原）に対する免疫応答を誘起するために最も重要な過程の1つである。取り込まれたタンパク質抗原は外来性抗原としてリソソームによる分解を経てMHC（major histocompatibility complex）クラスⅡ分子上に提示される。一方で，細胞質に存在する内因性のタンパク質抗原はプロテアソームにより分解され，MHCクラスⅠ分子上に提示される。通常，タンパク質抗原を抗原提示細胞に暴露した場合，リソソームによる分解を経てMHCクラスⅡ分子に提示される。それ故，タンパク質抗原をMHCクラスⅠ経路にのせるためには，タンパク質抗原を細胞質に送達可能なデリバリーシステムが必要であった。

　通常，細胞に取り込まれたリポソームはリソソーム中で分解を受ける。しかしながら，我々は膜透過性ペプチドであるオクタアルギニン（R8）を膜表面に高密度に修飾したリポソーム（R8リポソーム）がリソソームによる分解を回避し，細胞質に脱出するという従来のリポソームにはない特性を見出した[11]。そこで我々は，このR8リポソームの特性を利用し，抗原提示経路の制御を試みた。その結果，R8リポソームは内封物を抗原提示細胞の細胞質に効率的に送達し，特異的なMHCクラスⅠ抗原提示を誘導した（図3）[12]。一方，従来のリポソームを用いた場合，

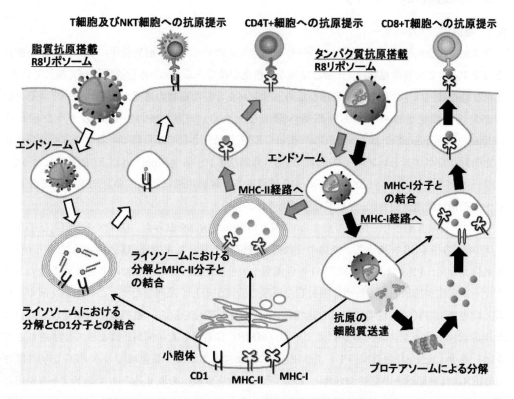

図3　R8リポソームによる細胞内動態制御と抗原提示の振り分け

R8リポソームの場合とは対照的に高いMHCクラスⅡ抗原提示が誘導された。このようにR8リポソームを用いることでタンパク質抗原の細胞内動態制御が可能となり，2つのタンパク質抗原提示経路の可視化が可能となった。実際に我々は蛍光ラベルしたデキストランをR8リポソームに内封することで，抗原提示細胞の細胞質への抗原分布を可視化することに成功している[12]。例えば，内封抗原として自己消光状態のDQ-ovalbumin[13]を用いることで，ライソソームやプロテアソームによる分解過程を可視化可能である。また各MHC分子に提示されるペプチドを蛍光ラベルし内封することで，MHC分子への提示過程の可視化も可能になるであろう。

最近，脂質分子の抗原提示が抗原提示の新たなパラダイムとして受け入れられてきた[14]。抗原提示細胞に取り込まれた脂質分子は，CD1（Cluster of differentiation 1）によって提示される。脂質分子の溶解性や抗原提示細胞への取り込みの低さから，脂質抗原提示に関する研究は大きく遅れていたが，我々はR8リポソームに脂質抗原を搭載し，効率的に抗原提示細胞に脂質抗原を送達させることで，抗原提示効率を著しく向上させることに成功した（図3）[15]。今後，このようなデリバリーシステムを用いて脂質抗原の細胞内動態を可視化することで，脂質分子の抗原提示に関する研究が飛躍的に進むことが期待される。

3　組織選択的デリバリー

3.1　癌選択的デリバリー

増殖が盛んな癌組織では，糖などの栄養や酸素を供給するため，血管新生によって新たな血管を誘導する。この新生血管は，正常とは異なり構造が疎であるため，血管透過性が亢進している。また腫瘍組織内はリンパ系が未発達なため，リンパを介した薬物の排泄がなされない[16]。そのため高分子や微粒子は血中から癌組織へ漏出しやすく，蓄積しやすい。このような現象はEnhanced permeability and retention effect（EPR効果）として知られている[17]。ドキソルビシンを内封したポリエチレングリコール（PEG）修飾リポソーム（Doxil®）は，EPR効果によって，フリーのドキソルビシンと比較して5～10倍程度多く腫瘍組織に蓄積する。EPR効果を介した癌への蓄積は癌選択的DDSとして有用である。

そこで，核酸医薬として期待の高まるsiRNAの癌への送達を試みた。リポソーム型遺伝子キャリアMENDをPEGで覆うことで血中を長時間滞留し，EPR効果で癌組織へ蓄積した。しかし，癌組織到達後，PEGによってMENDの癌細胞への接触が阻害され，また取り込まれた後のエンドソーム脱出が抑制されるため，内封した核酸の活性が著しく減弱した[18]。この問題を解くため我々は癌組織特異的な環境に応答し活性化されるDDS開発を試み，癌組織で過剰発現している分解酵素マトリックスメタロプロテアーゼ（MMP）に着目した。MMPによって分解されるリンカーを介したPEG脂質（PPD）をMENDに修飾することで，癌組織でのみPEGが切り離されMENDは癌細胞との接触が容易となる。そのため癌組織への取り込みやエンドソーム脱出が促進され，さらには内封核酸も活性を示した[19]。また癌細胞内の挙動を制御し，細胞質への脱出

第18章 プローブデリバリーシステム

促進と核酸の機能を効率よく発揮させることにも成功している[20]。

癌選択的DDSは薬物や核酸送達のみならず，プローブの癌選択的送達への応用が注目されている。DDSに造影剤を組み込むことで，癌組織内での造影剤濃度を上げMRIの高感度化が期待される。また，癌組織は低酸素や低pH環境であるとともに，先述の通り正常組織とは異なる酵素やタンパク質の発現パターンを示している。これらを捕らえるイメージングプローブの開発も盛んである。これらを癌組織選択的かつ癌細胞まで効率よく送達可能なDDSと組み合わせることで，高感度なイメージングや診断技術として応用可能と考えられる。さらに癌選択的DDSへ治療用薬物とプローブを同時に組み込むことも可能で，今後は治療 (Therapeutics) と診断 (Diagnostics) を同時に実現する「Theranostics」とも言われる技術の開発へと展開が期待される。

3.2 肝臓へのデリバリー

薬物や核酸を肝臓組織特異的，また細胞（実質細胞，内皮細胞，kupffer細胞）特異的に送達させることは，治療効果を促進させると同時に副作用の軽減をもたらす。本稿では，肝臓標的型薬物送達システムの開発を紹介する。膜透過性ペプチドの一つとして知られるオクタアルギニン (R8) をliposome表面に修飾した遺伝子キャリア (R8-MEND) は，*in vitro*において効率的にpDNA[21]，siRNA[22]が送達可能である。その他の特徴的なR8の機能として，R8-liposomeは肝臓指向性を有する[23]ことから，我々はR8-MENDを用いた静脈内投与型肝臓核酸送達キャリアの開発に着手した。初めに*in vitro*で最適化されたR8-MENDをマウスに投与したところ，肝

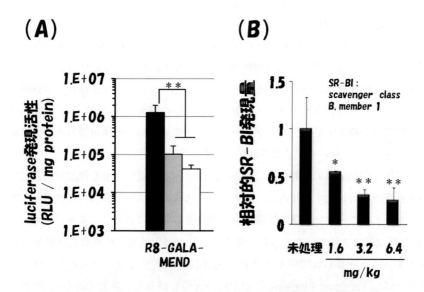

図4 R8-GALA-MENDを用いた肝臓へのpDNA/siRNA送達
(A) 肝臓，肺，脾臓での遺伝子発現活性（黒色：肝臓，灰色：肺，白色：脾臓），**$p<0.01$，(B) 肝臓での投与量依存的なRNAi効果，*$p<0.05$，**$p<0.01$

臓の遺伝子発現活性は非常に低い値であった．様々な検討を *in vivo* で重ねた結果，エンドソーム脱出素子であるGALAペプチドの修飾，そして負電荷核酸凝縮化コアを内封した場合にのみ肝臓で高い遺伝子発現活性を誘起することを明らかにした．このR8-GALA-MENDは他の組織での発現は低いことから（図4(A)），肝臓指向性の高い核酸送達システムである．このシステムをsiRNAに適用すると，RNAi効果が確認された（図4(B)）．最大投与量の場合でも，有意な肝毒性は観察されず，サイトカインの産生も非常に低い値であった．したがってR8-GALA-MENDは低分子核酸を安全に送達可能なシステムであることが示唆された．次に，肝臓血管内皮細胞標的型デリバリーの開発について紹介する．ヒアルロン酸は生体内の細胞内マトリックスに存在する化合物であるが，血中に移行すると大部分が肝臓の血管内皮細胞で代謝されることが知られている．そこで我々は，カチオン性liposome表面へHA，またはステアリル化ヒアルロン酸（STR-HA）をそれぞれ修飾したliposomeの肝臓内皮細胞への標的化能力を評価した．その結果，HA修飾liposomeは肝臓への移行量の減少が確認されたのに対し，STR-HA修飾liposomeは集積量の増加が確認された．次に肝臓内の局在を観察したところ，STR-HA修飾liposomeは肝臓血管内皮構造に沿った集積が確認された．この結果は，静電的結合によってHAをliposome表面に修飾するよりも，脂質を介してHAをliposome表面に修飾した方が内皮細胞への標的性を高める上で重要であることが示唆された[24]．

今後は肝臓内の細胞特異的なDDSキャリアの開発にさらに取り組むと共に，蛍光プローブ等をMENDに内封することで，イメージングの材料としてのDDSキャリアの創製にも貢献したいと考えている．

3.3 脂肪組織選択的デリバリー

メタボリックシンドロームの基盤となる内臓脂肪型肥満では，脂肪細胞と多様な間質細胞との相互作用が長期にわたって遷延化し（慢性炎症），組織機能異常から全身のインスリン抵抗性をもたらし動脈硬化病変を進展させると考えられている[25]．このような多種類の細胞間相互作用によって引き起こされる脂肪組織の構造・機能変化の実態を解明するためには，個体あるいは組織レベルで細胞動態や機能を可視化するプローブを標的部位である脂肪組織あるいは組織構成細胞へ選択的に送達するDDS技術が必要不可欠である．

慢性炎症に伴う脂肪組織の機能破綻において，血管内皮細胞が重要な役割を担っていることから，血管内皮機能を可視化する技術は，病態メカニズムの解明や早期診断法の開発に繋がると期待される．しかし，これまでに脂肪組織の血管内皮を特異的に認識して種々のプローブを送達可能なDDS技術は確立されていなかった．そこで，我々は脂肪組織の血管内皮細胞に対して高い親和性を有することが知られているペプチド（KGGRAKD）[26]をリガンドとして搭載した標的指向性リポソーム（Targeted Liposome, TLP）の構築を試みた．蛍光標識したTLPをマウスの脂肪組織から分離した血管内皮の初代培養細胞[27]あるいは他の臓器由来の血管内皮細胞株に作用させ，取り込み量や取り込み経路を解析した結果，TLPが脂肪組織の血管内皮細胞に極めて選

第18章　プローブデリバリーシステム

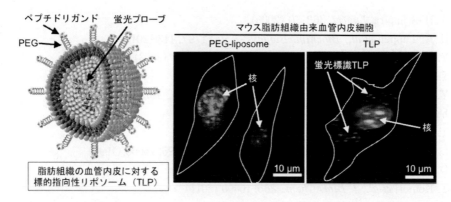

図5　標的指向性リポソーム（TLP）の脂肪組織由来血管内皮細胞への取り込み

択的に内封物を保持した状態で取り込まれることが明らかとなった（図5）[28]。現在，*in vivo* 応用に向けて TLP の最適化を進めており，極めて良好な結果が得られつつある。この TLP に Ca^{2+} や NO などに対する蛍光プローブ等を組み合わせて用いることで，*in vivo* で脂肪組織の血管内皮機能を定量的に可視化することも近い将来可能になるであろう。

4　展望

生きた個体の中で，組織を選択的に識別し，細胞内オルガネラ選択的に送達できる，将に夢のような技術は，近い将来，可能となるであろう。そのためには，各組織の血管内皮細胞を識別するリガンドの開発が不可欠であり，また，血管内皮細胞を透過して実質細胞へ到達する技術の確立を待たなければならない。近い将来，脳を含めた全ての組織でこのような技術が確立されるであろう。その結果，細胞生物学は *in vivo* 生物学へと進化し，新しい学問が創成されるであろう。同時に，医療の分野においても革新的診断法・治療法の開発へと繋がり，21世紀の医療へ貢献することが期待される。

文　献

1) M. L. Edelstein *et al.*, *J. Gene Med.*, **9**, 833 (2007)
2) H. Akita *et al.*, *Mol. Ther.*, **9**, 443 (2004)
3) S. Hama *et al.*, *Mol. Ther.*, **13**, 786 (2006)
4) S. M. Shaheen *et al.*, *Nucleic Acids Res.*, **39**, e48 (2006)
5) D. C. Chan, *Cell*, **125**, 1241 (2006)

6) A. H. Schapira, *Lancet*, **368**, 70 (2006)
7) H. A. Tuppen et al., *Biochim. Biophys. Acta.*, **1797**, 113 (2010)
8) Y. Yamada et al., *Biochim. Biophys. Acta.*, **1778**, 423 (2008)
9) Y. Yamada et al., *Mol. Ther.* (in press)
10) Y. Yasuzaki et al., *Biochem. Biophys. Res. Commun.*, **397**, 181 (2010)
11) I. A. Khalil et al., *J. Chem. Biol.*, **281**, 3544 (2006)
12) T. Nakamura et al., *Mol. Ther.*, **16**, 1507 (2008)
13) L. Santambrogio et al., *Proc. Natl. Acad. Sci. USA*, **96**, 15056 (1999)
14) D. C. Barral et al., *Nat. Rev. Immunol.*, **7**, 929 (2007)
15) T. Komori et al., *J. Biol. Chem.*, **286**, 16800 (2011)
16) D. M. McDonald et al., *Nat. Med.*, **9**, 713 (2003)
17) Y. Matsumura et al., *Cancer Res.*, **46**, 6387 (1986)
18) H. Hatakeyama et al., *Adv. Drug Deliv. Rev.*, **63**, 152 (2011)
19) H. Hatakeyama et al., *Biomaterials*, **32**, 4306 (2011)
20) Y. Sakurai et al., *Biomateirals*, **32**, 5733 (2011)
21) I. A. Khalil et al., *Gene Ther.*, **14**, 682-689 (2007)
22) Y. Nakamura et al., *J Control Release*, **119**, 360 (2007)
23) M. Diky et al., *Drug Metab Pharmacokinet.*, **20**, 275 (2005)
24) N. Toriyabe et al., *Biol Pharm. Bull.*, **34**, 1084 (2011)
25) H. Xu et al., *J. Clin. Invest.*, **112**, 1821 (2003)
26) M. G. Kolonin et al., *Nat. Med.*, **10**, 625 (2004)
27) K. Kajimoto et al., *J. Immunol. Methods*, **357** 43 (2010)
28) M. N. Hossen et al., *J. Control. Release*, **147**, 261 (2010)

第19章　ペプチドベクターを用いた効率的細胞導入法

二木史朗[*1], 中瀬生彦[*2]

1　はじめに

　近年, HIV-1 Tat 由来の塩基性ペプチドをはじめとした膜透過ペプチドを移送ベクターとして利用したタンパク質や薬物の細胞内導入法が盛んに用いられるようになってきた。これらのペプチドは cell-penetrating peptides (CPPs) あるいは protein transduction domains (PTDs) とも呼ばれ, 簡便で新しいタイプの細胞内導入法として注目されている[1〜3]。一方, GALA ペプチドをはじめとする pH 感受性の膜傷害性ペプチドを用いて, エンドソーム内の薬物をサイトゾルに移送させる試みも報告されている[4〜6]。我々は GALA とカチオン性脂質と共存させることで, GALA の膜への親和性上昇による細胞内移行及びエンドソーム不安定化能が有意に向上することを見いだしている。本稿では, 特に細胞内蛍光イメージングを目指したプローブの細胞内導入におけるこれらのアプローチの利用に関して解説する。

2　蛍光プローブの「細胞内」導入に求められる要件

　近年の顕微鏡技術の発展により, 蛍光分子を用いて生細胞をそのまま観察することで, 細胞内分子の動態や, 分子相互作用をリアルタイムに直接観察することができるようになってきた。この際に最もよく使われているのは, GFP などの蛍光タンパク質と, 観察したいタンパク質の融合タンパク質を細胞内に遺伝子導入で発現させ観察するものであり, 本書でも紹介のあるように様々な蛍光タンパク質やこれを用いた多くの有用な観察法が開発されている。しかし, これらの方法は, タンパク質以外の分子の観察に用いることは難しいのみならず, 分子量が数万〜十数万である蛍光タンパク質の融合に伴う, 目的タンパク質の細胞内動態への影響に関して常に注意を払う必要がある。一方では, 近年, 本書でも取り上げられているように, 様々な特徴を持つ小分子の蛍光プローブが開発されてきており, これらの化学プローブでタンパク質をラベルして細胞内に導入できれば, 蛍光タンパク質との融合タンパク質を用いた研究から得られる結果と相補的な知見が得られる可能性も高い。さらに, タンパク質以外の分子（例えば核酸やポリマー等）の細胞内動態も調べることが可能である。

　化学プローブで標識されたタンパク質などの生体分子を細胞内に入れて, 細胞内のタンパク質

[*1]　Shiroh Futaki　京都大学化学研究所　生体機能設計化学　教授
[*2]　Ikuhiko Nakase　京都大学化学研究所　生体機能設計化学　助教

蛍光イメージング／MRI プローブの開発

をはじめとした生体分子の構造や動態を確認する際に，観察する生体分子の機能発現の場が細胞のどこであるかによって，導入法が工夫されるべきである。たとえば，細胞内における情報伝達は主としてサイトゾルで行われており，これに係わる細胞内相互作用の検出・可視化のためには標識された分子をサイトゾルへと導入する必要がある。転写やエネルギー変換に興味がある場合には，これらを核やミトコンドリアに持っていく必要がある。タンパク質や核酸などの生体高分子は多くの場合，膜透過性を有しないため，これらの分子を効率的に特定の細胞内器官へ送達する手法の開発が必要となる。マイクロインジェクションやカンチレバー，エレクトロポレーションなどの機械的，あるいは物理的な方法も試みられてはいるものの，効率の悪さや細胞に与えるダメージの大きさから必ずしも理想的な方法とは言えない。一方では，細胞の生理的機序を利用した細胞導入法も行われている。たとえば，エンドサイトーシスは細胞への栄養分の取込などに使われる生理的過程である。細胞表面において形質膜が凹型に陥没し，さらにこれが細胞表面からくびり取られて小胞（エンドソーム）が形成される（図1）。細胞外物質はエンドソーム内に内包され，細胞内に入り込まれるものの，エンドソーム内から抜け出なければサイトゾルや核には到達できず，これらの分子が機能を発揮できる環境に至らない。さらに，サイトゾルへと移行せず，エンドソーム内に滞留する蛍光団が無視できない量存在する場合，あるいはエンドソームから脱出した蛍光団とエンドソームに保持されているものの区別が付かない場合にも，導入した分子の正確な挙動の追跡や測定は難しい（図2）。したがって，細胞外から導入する分子を細胞膜（形質膜）から直接細胞内（サイトゾル）へと導入できる方法論，あるいは，エンドサイトーシスで細胞内に取り込まれた物質を効率的にサイトゾルに運び込める方法論の開発が必要である。これらの問題を解決するアプローチとして，我々は，アルギニンペプチドとピレンブチレー

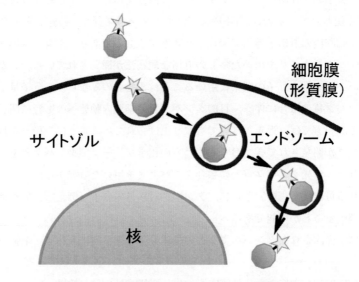

図1 エンドサイトーシスにより，化学プローブで標識された分子は細胞内に導入され得るが，エンドソームから抜け出ないことには望みの細胞内環境を可視化・計測することはできない

第 19 章 ペプチドベクターを用いた効率的細胞導入法

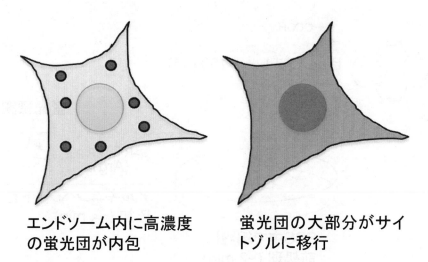

エンドソーム内に高濃度
の蛍光団が内包

蛍光団の大部分がサイ
トゾルに移行

図2　エンドソーム内に蛍光団が多量に存在すると細胞内の正確な測定は難しい

トを併用するアプローチ，および，pH感受性膜傷害ペプチドとカチオン性リポソームを併用するアプローチの二つのアプローチを開発した。以下，これらに関して概説したい。

3　アルギニンペプチドとピレンブチレートを併用するサイトゾルへのタンパク質導入法

　上述のように，塩基性の膜透過ペプチドを移送ベクターとする細胞内送達法が近年盛んに試みられるようになってきた。その代表格でもあるHIV-1 Tat由来の塩基性ペプチドにおいては，配列中のアルギニン残基が効率的な膜透過を可能とすることを我々は明らかにしている。さらに，直鎖型のペプチドのみならず，分岐型のペプチドも膜を透過することに加え，グアニジノ基を含む様々な分子形の移送ベクターがデザイン可能であることも示されている[7]。

　当初，HIV-1 Tatペプチドを含めたアルギニンペプチドの膜透過は，通常の細胞の物質取り込み経路であるエンドサイトーシスを介さない未知の機序によるものとされていた。しかし，その後の研究の進展により，アルギニンペプチドの細胞内移行には，エンドサイトーシスが関与していることが明らかとなった[8]。さらに同時に条件を選べば，アルギニンペプチドは直接細胞膜（形質膜）を透過し，この際，分子量の比較的小さい（2千〜3千程度あるいはそれ以下）目的分子をペプチドに連結することで，その分子の細胞内送達が可能であることも明らかとなった[9]。

　これらを考慮し，我々は，アニオン化合物との複合体形成による直接膜透過の効率化法を考案した[10,11]。アルギニンのグアニジノ基はカルボン酸，リン酸，硫酸などと二本の水素結合を形成し，相互作用することが可能である。この性質を利用して，生体膜の構成脂質であるホスファチジルグリセロール存在下に，アルギニンペプチドをリン酸バッファーとクロロホルムとの混液に加えると，アルギニンペプチドはクロロホルム層に分配可能であることがすでに示されていた[12]。

175

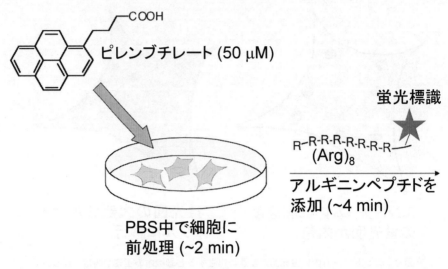

図3 ピレンブチレートを用いたアルギニンペプチドとそのコンジュゲートの細胞内直接導入

筆者らは，種々の疎水性基を有する対イオン分子存在下にアルギニンペプチドを細胞へ添加したところ，ピレンブチレートなどいくつかの疎水性対アニオン分子に関してアルギニンペプチドの細胞内移行促進効果が見られることが明らかとなった[10,11]。典型的な例として，リン酸緩衝バッファー（PBS）中，細胞をピレンブチレート50 μM で前処理し，蛍光ラベルしたアルギニンペプチド10 μM を添加すると，数分程度で細胞内に拡散した蛍光像が得られた（図3）。この現象はエンドサイトーシスが抑制される低温条件下でも見られたことから，エンドサイトーシスを介さない細胞膜（形質膜）の直接透過によりアルギニンペプチドはサイトゾルに到達することと考えられた[11]。このように導入された蛍光団は小分子薬物モデルとみなすことが可能であり，これに加えて緑色蛍光タンパク質（EGFP）とオクタアルギニンR8との融合タンパク質も同様に効率的に細胞内に導入されたことから，小型タンパク質の細胞内導入にも使用可能であることが示唆された。また，通常遺伝子導入がされにくい初代培養神経細胞においても，本手法でEGFP-R8融合タンパク質の導入が見られた。この方法は，予めタンパク質を調製しておく必要があるものの，遺伝子導入ではできない様々な修飾タンパク質を送達できる特徴を持った方法と言える。たとえば，細胞内NMRの測定には安定同位体を使用した多次元NMR技術が必要であり，我々はこのアプローチを用いてTat由来の膜透過ペプチドと^{15}Nラベルしたユビキチンの融合タンパク質をHeLa細胞に高効率で導入することで，高分解能細胞内NMR測定に世界に先駆けて成功した[13]。また，目的のタンパク質が細胞内に入った後には，Tatペプチド配列と解離することが良好なスペクトルの測定には重要であることも分かった[13]。これは恐らく，高い塩基性を示すTatペプチドが細胞内の他の分子と強く相互作用するために，ユビキチンの細胞内での自由な動きが妨げられることに起因するものと考えられる。筆者らはこの手法により，FKBP12とFK506などの免疫抑制剤との細胞内相互作用の観察にも成功した[13]。さらに，この方法が細

第19章 ペプチドベクターを用いた効率的細胞導入法

胞内の薬物とタンパク質の相互作用の解析や，タンパク質のフォールディングの検討にも応用できることを示した[13]。しかし，多くの負電荷を持った分子や分子量が2万〜3万以上のタンパク質を運ぶ場合では，この方法を用いても効率的なサイトゾルへの移行が見られない場合もあり，更なる改良が必要と考えられる。また，ピレンブチレートを用いたアルギニンペプチドの効率的な細胞内移送には通常の細胞培養液の代わりにPBSなどのバッファーを用いることが大切であることにも留意すべきである。

4 pH感受性膜傷害ペプチドとカチオン性リポソームの併用によるタンパク質のサイトゾル導入法

上述のアルギニンペプチドを用いる方法と相補的な方法として，筆者らは，GALA（WEAALAEALAEALAEHLAEALAEALEALAA）などのpH感受性の膜融合ペプチドと細胞内導入物質のコンジュゲートを用いてサイトゾルへの送達を目指すアプローチも報告している[4~6]。すなわち，分子量の大きい分子の細胞内取込にはエンドサイトーシスが主な取込経路になると考え，この経路により細胞内に導入された分子が，高効率でエンドソームからサイトゾルへと脱出できれば結果的にサイトゾルへの移行効率も上がると考えた。エンドサイトーシスによる細胞内への物質取り込みにおいて，エンドソーム内のpHが次第に低下することが知られている。GALAは，このpH低下に呼応したαヘリックス構造の増加により，膜との相互作用が高まり，エンドソーム膜を不安定化することが知られている（図4）。このことから，このペプチドを，細胞内に移送したい分子と共存させることにより，GALAがエンドソーム膜を不安定化させる際に目的分子のサイトゾルへの移行が亢進されると考えられてきた。実際，GALAは，カチオン性脂質を用いた遺伝子導入効率を向上させることが報告されており，筆者らの研究室においてもルシフェラーゼ遺伝子のトランスフェクション時にGALAを共存させるとルシフェラーゼの発現効率が増加することを確認している[14]。この過程において，副次的に加えたFITC標識GALAは，効率良くエンドソームを脱出し，サイトゾルへ拡散することが顕微鏡観察によって確認された[14]。このことから筆者らは，GALAを薬物送達キャリアーとして利用可能なので

図4 GALAはpH低下に呼応してα-ヘリックスの構造の増加によって膜との相互作用が高まりエンドソームを不安定化する

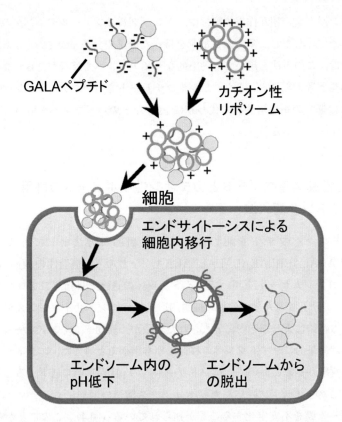

図5 カチオン性リポソームと GALA を併用するサイトゾル送達法

はないかと考えた。

　GALA は Glu-Ala-Leu-Ala の繰り返し配列を有する 30 アミノ酸残基から成り，分子内の 7 つの Glu 残基の持つマイナス電荷と細胞膜表面の静電的反発力のために，細胞表面への吸着能はあまり高くない[15]。そこで①GALA/カチオン性脂質複合体形成による細胞内移行促進と，②GALA によるエンドソームからの脱出促進の二つを組み合わせた新たなアプローチを考えた（図5）。実際に，市販のカチオン性脂質であるリポフェクタミン 2000 共存下にビオチンを結合した GALA とアビジン（68kDa）の複合体を細胞に投与すると，GALA-アビジン複合体のエンドサイトーシスによる取込はリポフェクタミン 2000 非共存下に較べて有意に高まり，また，GALA 非存在下に較べてアビジンのサイトゾルへの拡散も促進された[4]。細胞内送達時の細胞毒性もほとんどみられないことから，細胞非侵襲的な細胞内送達技術として，本手法は非常に有用だと考えられる。また，核移行シグナル配列 NLS を導入した biotin-GALA-NLS を用いた際には，FITC-アビジンの核移行効率も高まり，GALA とカチオン性脂質を組み合わせた本手法は，オルガネラ標的送達技術としても応用可能であると考えられる。

第19章　ペプチドベクターを用いた効率的細胞導入法

5　おわりに

このように，膜透過ペプチドやpH感受性膜障害ペプチドを用いた効率的サイトゾル送達技術を活用することで，細胞内可視化に向けたアプローチが大きく広がると考えられる。しかし，細胞内へ送達させる目的プローブはそれぞれに異なった性質をもつことから，最善の細胞内送達を達成するために手法の選択及び最適化を行わなければならない。本稿がペプチドベクターを用いた送達技術及び実践で考慮すべき点の理解に少しでも役立てていただけることを願っている。

文　献

1) I. Nakase et al., *Adv. Drug. Deliv. Rev.*, **60**, 598 (2008)
2) P. A. Wender et al., *Adv. Drug Deliv. Rev.*, **60**, 452 (2008)
3) A. Joliot, A. Prochiantz, *Adv. Drug. Deliv Rev.*, **60**, 608 (2008)
4) S. Kobayashi et al., *Bioconjug. Chem.*, **20**, 953 (2009)
5) I. Nakase et al., *Biopolymers*, **94**, 763 (2010)
6) I. Nakase et al., *Methods Mol. Biol.*, **683**, 525 (2011)
7) S. Futaki, *Biopolymers*, **84**, 241 (2006)
8) A. T. Jones, *J. Cell Mol. Med.*, **11**, 670 (2007)
9) M. Kosuge, *Bioconjug. Chem.*, **19**, 656 (2008)
10) F. Perret et al., *J. Am. Chem. Soc.*, **127**, 1114 (2005)
11) T. Takeuchi et al., *ACS Chem. Biol.*, **1**, 299 (2006)
12) N. Sakai et al., *ChemBio Chem*, **6**, 114 (2005)
13) K. Inomata et al., *Nature*, **458**, 106 (2009)
14) S. Futaki et al., *J. Gene Med.*, **7**, 1450 (2005)
15) W. J. Li et al., *Adv. Drug Deliv. Rev.*, **56**, 967 (2004)

第20章　検出機器の開発現状と機器開発側からみたプローブ改良点

長谷川　晃*

1　はじめに

　本稿ではまず，日本の医療関連光学製品の代表として，内視鏡の現状，その先の期待として内視鏡による分子イメージングがある事を述べる。そして次に，当社が理解している範囲で蛍光プローブがどのような長所，短所があるかを明らかにした上で，その長所をいかに生かすか，またその短所をどの様に補える可能性があるか？について機器側の対応技術という視点で述べ，それを踏まえたうえで，プローブ側で改良していただきたい性能という形でまとめる。

2　内視鏡の現状

2.1　内視鏡

　「人間の身体の中を何らかの器具を使って覗いてみる」という内視鏡の起源をたどると，古代ギリシア・ローマ時代に遡ると言われており，紀元1世紀のポンペイの遺跡からも内視鏡の原型とみられる医療器具が発掘されている。

　当初の内視鏡は，1950年に登場した先端に胃カメラとフィルムをつけたものであった。64年に目としてのファイババンドルが登場し，照明もバンドルを通して行えるようになった。80年代からは電子の目（CCD）で像を撮る内視鏡が主流になった。先端は上下左右に曲がり，小型のCCDと撮像用対物レンズ，ライトガイド等が入っている。内視鏡の太さは標準的なもので8～10mm，送水ノズルや洗浄水を戻す機能や，鉗子用のチャンネルもついていて洗浄や治療を行う。一度使ったものはきちんと洗浄・消毒・滅菌しなければならず，封止技術も特徴である。つまり現在の内視鏡は，封止技術のしっかりした治療メカが付いた生体挿入可能なビデオカメラといえる。電子内視鏡の性能を上げる方策の一つが，デジタルカメラと同じで画素数をあげることである。ハイビジョン対応のものも製品化され，色再現性に富み，高精細な絵が得られるようになった。

　企業を中心とした技術開発の一方で，お医者様の努力により内視鏡の対象領域は「食道」「十二指腸」「大腸」「気管支」「胆道」など各分野へひろがっていくことになり，診断に加えて，内視

---

*　Akira Hasegawa　オリンパス㈱　研究開発センター　医療技術開発本部　医療戦略企画部　部長

第 20 章　検出機器の開発現状と機器開発側からみたプローブ改良点

鏡を使っての「治療」が可能になってきたことで，内視鏡は医療現場では欠かせない地位を確立してきた。

　処置に関しては，ポリープ切除などで低侵襲性が期待される内視鏡粘膜切除技術があり，病巣に生理食塩水を注入して電気を流すと切り取れる。放射線機器は体内へ侵襲することなく病巣の検出を可能としているが，処置に関しては直接病巣にアクセスできる内視鏡の方が優れており，QOLに貢献している。

　腹腔鏡下外科手術は，開腹手術に比べて切開部分が小さく，術後の回復も早いため患者さんに負担の少ない手術方法として1990年代以降普及が続いている。当社も本手術で使用する内視鏡や周辺機器，治療機器に至るまで幅広いラインアップの製品を通じて市場ニーズに応えてきている。近年ではお腹に2～4つの切開創に差し込むトロッカーおよび挿入する機器の細径化の進展により傷の縮小化が図られている。さらに，これに加えて，1つの切開創だけで行われる単孔式腹腔鏡下外科手術が医療現場で実施されるようになってきており，患者さんへの負担の更なる軽減に貢献されつつある。

2.2　近年の内視鏡診断技術の発展

　癌など微細病変の早期発見や術前の病変範囲の精密診断などのための画像取得を目的とした技術開発も進展しており，粘膜表層・粘膜深層の病変の特長を光学的に画像強調表示する特殊光観察技術が新たな診断ツールとして加えられてきた。

　生体は光を散乱，吸収する性質を持っている事から，PETやMRI等の様に体外から生体を診断するよりも，内視鏡等を通じて生体内での活用が効果的である。

　表1に内視鏡への適用が考えられる，光を利用した主な診断技術を挙げる。癌は早期発見，早期治療で完治する可能性が高い。世界では光散乱やOCT，共焦点顕微鏡，スペクトロスコピー，二光子吸収顕微鏡などが開発され，医用光学を利用した新しい診断装置の研究開発が活発化している。医用光学において利用される光現象は蛍光，燐光，ラマン散乱，光吸収，光散乱，屈折などであり，これらの現象は生体組織の状態と強く関連している。

　表1はあくまでも医療用内視鏡的な観点から行った一覧表であるが，ここからも推察される様に1つの光診断手法だけではすべてを満たすことはできないと考えられる。例えば，内視鏡は一般に広い視野を持ち，まずはその広い視野から確実に病変部と疑わしき領域を検出できる事が望まれる。例えば，内視鏡下での拡大観察は腫瘍を疑う怪しいところが広角な領域（広い視野範囲）のもとでわかってからその威力や有効性が出てくる。どこを見るべきか，見ているのかが必要で，やはり全体も見る必要がある。すなわち，効果的な手法の組み合わせも必要となる可能性がある。

　当社では，表1中の自家蛍光法や狭帯域光法を中心に商品化を行い，好評を得ている。その原理は当社HPを参照されたい[1]。例えば狭帯域光法と呼ばれるNBIは，生体組織の観察に用いる分光特性の最適化により，消化器粘膜表面の血管や粘膜微細模様を強調して観察できる技術である。癌細胞の増殖には多くの栄養分が必要となるため病変部には新たな血管が構築される。病変

蛍光イメージング／MRIプローブの開発

表1 内視鏡への適用が考えられる，光を利用した診断技術

技術分類（↓）検出手法評価（→）	検出する生体の変化 分子レベル	検出する生体の変化 細胞レベル	検出する生体の変化 組織レベル	取得できる情報の生体深さ（2mmレベルの情報が得られれば深層），視野	特徴，装置構成例 何を検出するのか？ 等
拡大内視鏡観察 光学法		○	○	表層	撮像素子に対して拡大像を投影し観察する。色素を表面にかけることも行われている。組織／細胞の形態観察。
拡大内視鏡観察 共焦点法		○	対象外	表層〜数100μ程度	共焦点顕微鏡の技術を内視鏡へ応用したもの。細胞の形態観察。
狭帯域光法（NBI）		○	○	表層 広視野化可能	血液の吸収波長帯を狭帯域な照明光で観察する。毛細血管集積度，血管走行を観察。
自家蛍光法			○	表層〜深層 広視野	青色波長帯の励起で生体のNADH，コラーゲン等の自家蛍光を検出する。粘膜の肥厚，血流による自家蛍光変化を観察しているといわれている。
OCT			○	〜深層	赤外低コヒーレンスヘテロダイン干渉技術で2mm程度までの断層像をZ分解能10数μmで検出。
ラマン散乱	○	対象外	対象外	表層	分子振動等による散乱光の波長の変化を計測。正常・異常をラマンスペクトルピークずれで検出。
2光子励起法		△〜○	○	表層〜500μ程度といわれている	フェムト秒赤外励起の蛍光検出。小動物基礎研究では不可欠の観察手法となっている。
可視散乱分光法		○	○	表層	細胞核形状変化による散乱波長周期変化等を検出し，細胞核の大きさを得る。
光造影剤 蛍光プローブ法	○	○	○	表層〜深層（利用波長による）広視野化可能	各種の光診断手法との組み合わせも可能。病態に関連する分子，酵素等を蛍光プローブの利用により蛍光信号として検出する。薬剤の動態，デリバリー等の課題もある。

の進行度合いによって微細血管の太さや密度，走行パターン等に変化が現れたり，ピットパターンと呼ばれる粘膜表面の腺管構造に異常が現れたりする。通常の内視鏡では観察しにくいこれらの状態をNBIでは明瞭に観察することができる。

　他領域は主要な研究施設が基礎的な機序から研究を続け臨床応用を目指している状態ともいえ非常に期待されている状況にある。

　これまで実用的に商品化された手法は，光の吸収，散乱や自家蛍光をうまく利用し，病変部の形態の変化を鋭敏に捉え，画像強調をした画像を医師へ提示する事で診断が行われるというのが

第20章 検出機器の開発現状と機器開発側からみたプローブ改良点

今現在の状況である。

こういった技術開発，商品開発テーマを通じて，各手法における検出機器側の課題や，手法そのものの限界もあきらかになりつつある。一方で外科手術の医療現場からは癌の可視化だけではなく，患者さんのQOLに直結する生体部位（血管や神経や尿管等）をしっかりと画像表示して欲しいとの要望も聞かれる様になってきた。

これを踏まえ，従来の診断手法に組み合わせて，蛍光プローブや光造影剤を利用する事でこれまで医師の目で捉えることが難しかった病変や生体部位を画像表示し診断が可能となる事が次世代の技術開発であると私は考えている。

これまで見てきたように，内視鏡の歴史は，患者さんを中心にした医師の夢と技術者の努力の軌跡である。さらに新技術，新素材の開発は日進月歩で内視鏡に生かされてきている。

3 蛍光プローブの現状 長所と短所

3.1 蛍光プローブの現状

最近では特定の遺伝子が作り出すタンパク質や，癌の持つさまざまな変化（ある物質の正常部位との濃度差，癌細胞に集積しやすい特徴。あるいは初期の癌細胞の酸素消費は著しく，活性酸素の生成が正常細胞に比較して亢進しているとの報告や，また癌細胞への薬物の透過性も比較的高まっている事が知られている）を感知できるプローブとこれを標識する色素でもって光らせる事で，それらの存在を特定し定量化する造影剤（蛍光プローブ）が細胞実験や，小動物実験用に実用化されている[2,3]。他の分子イメージングモダリティー（PETやMRI等）と比べると，内視鏡などの「光」検出に用いられる有機色素プローブでは，各種酵素の活性状態や特定のイオン濃度などを反映したプローブが開発され，蛍光を発するスイッチのON・OFFによって高コントラストなイメージングが可能である事，および光（蛍光）を利用する事から，複数分子を（蛍光波長を変える事で比較的簡単に）同時検出が可能である事が特徴である。

臨床医療側からのニーズに基づいて上記の様な技術の組み合わせの最適化をはかる取り組みは重要である。超早期診断・治療では何が求められるかを，予防〜治療（フォロー）まで含めて検討し，各々でシステムの最適化，組み合わせの最適化を図るという取り組みである。

スクリーニングであれば 簡便，コストが最優先であり，性能的には早期癌を確実に拾い上げる高い検出能が必要であると考えられる。またスクリーニングにより癌のハイリスク群とされた方にはより精密な診断が求められる事になり，炎症と癌を区別するような非常に高い鑑別能が求められる。この分子イメージングという領域は対象とする疾患をしっかり設定し，医学・工学・薬学による戦略立案と密な協業が必要とされる所以である。

これから分子イメージングとして述べる領域はその意味を狭く捉え，利用される領域をあらかじめ蛍光プローブという分子センサーを生体に導入し，疾患に関連する分子と反応する事で蛍光という光の信号に変化させ，内視鏡で検出して可視化する技術領域で話を進める。どういった分

子を検出するべきか,また蛍光プローブの生体内での動態については省き,あくまでも蛍光プローブ一般に知られている光学的な特長を前提に話を進め,検出側（内視鏡側）での技術開発の方向性を述べる。

蛍光プローブを生体で利用する際の特徴は一般には以下であろうと考えられる。

　　　長所：蛍光波長を複数利用することで比較的簡便に複数の分子を検出できる。
　　　　　　完全ではないが,蛍光発光量 ∝ 検出したい分子数,である。
　　　短所：蛍光という微弱光を利用する事から高感度な検出素子が必要である。
　　　　　　さらに生体は光を透過しにくい事から,深さ方向については限界がある。
　　　　　　生体は自家蛍光を持つ事から,蛍光プローブから発する微弱蛍光との判別が必要。

上記特徴を持つ蛍光プローブを生体内で内視鏡下で利用する場合には,まず条件としては短所の克服をしたうえで,長所を最大限生かす事が必要になる。次の項ではその考え方を示す。

4　検出技術の方向性について

　内視鏡側のシステム感度を当社の基準で言えば,一般に市販されている蛍光色素濃度が数10nM以上あれば内視鏡で実用的に活用可能である。また最近は生体自家蛍光の課題については広く認知され,赤～近赤外波長で励起し近赤外波長帯で発光する蛍光色素が多数発表されている。そこで,この部分は本項では最低限にとどめ,長所である定量性の確保や,多波長化,工夫といった長所をいかに伸ばそうとしているかの方向性を述べる。

4.1　定量性の確保に関する機器側の取り組み

　多くの場合,癌関連分子は正常組織や炎症組織でも発現しており,ある物質の濃度差を示す事が診断に有用であるとされている。蛍光プローブの特徴として,蛍光発光量∝検出したい分子数の関係があれば,蛍光量の相対的な強度比分布を術者に提示する事が重要となる。

　様々な蛍光プローブが世の中で発表されているが,現実に *in vivo* の実験を行うと,正常組織や炎症組織から発生する蛍光が画像のコントラストに影響をおよぼす。また,顕微鏡で被写体を観察する場合には被写体はほぼフラットな領域に限定されるが,内視鏡下で生体を観察する際には,被写体の形状は凸凹した平面であったり,管状の被写体であったりする（図1）。

　その結果,観察距離や角度など観察条件が大きく変化し,現在の内視鏡では蛍光強度の正確な描出ができない可能性がでてくる。これは結果として,本来癌の部分だけを抽出しようと設定していたが,偽陽性率が悪化する事に繋がる。

　その様な観察条件でも,被写体からの距離・角度に影響されず,蛍光発光量の相対的な強度比関係を維持し,術者に画像提示する事は当社としても重要な課題と捉えており,なるべく簡易的な手法での実現を目指している。

　図2は,近赤外蛍光プローブを利用して内視鏡下で検出,画像表示を行うシステムの簡易図で

第20章　検出機器の開発現状と機器開発側からみたプローブ改良点

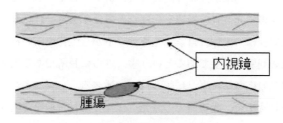

図1　内視鏡下で観察する被写体

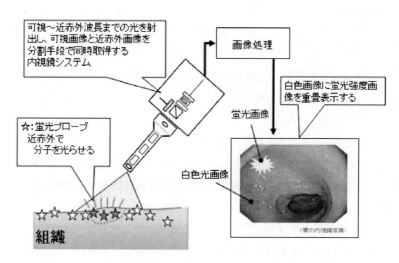

図2　近赤外蛍光プローブを利用した内視鏡検出技術の例

ある[4]。

　被写体からの距離・角度の影響を少なくするために，既知の手段としては，蛍光画像を参照画像（白色画像などの反射光画像）で除算（規格化）することにより距離や角度の変化をキャンセルする事が知られている[5]。この様な工夫をしても現実には未だ誤差は残る。観察距離に対して定量性を維持するには，規格化に利用する反射光画像と蛍光画像の距離減衰特性が同じでなければならないが，実際には反射光画像は生体の表面散乱＋内部散乱＋吸収特性の影響を受け構成されるのに対して，蛍光画像は内部散乱と吸収特性のみに影響を受け，それぞれの距離減衰特性が異なるためである。このような誤差を抑えるため，規格化処理前後で上記生体特性を考慮した補正処理を必要とする[6]。

　上述の様な取り組みを検出側で行う事により，蛍光プローブの特徴である，蛍光発光量∝検出

したい分子数を維持した強度比分布で術者に提示する事が可能となってくる。

4.2 複数波長の検出に関する機器側の取り組み

蛍光プローブの生体での利用が近赤外波長領域にシフトしているとはいえ，生体の自家蛍光成分のうちポルフェリンの蛍光波長の影響を受けるものは多数見受けられる。

ここで取り上げる課題は，生体は自家蛍光を持つ事から生体由来の自家蛍光と蛍光プローブから発する微弱蛍光との判別が必要であるという事，さらに長所である蛍光波長を複数利用する事による複数分子検出に対応させる事，に絞り以下に述べる。

内視鏡下で分光を行う場合，光源側での分光（様々な波長帯域を照明する）は比較的容易に行う事ができる。しかし，検出側での分光（様々な波長帯域を分離・検出する）はきわめて難しい。そこで，当社では研究用途での利用も考慮し，内視鏡先端で自由に分光ができる機能を持つ超小型な分光素子開発に着手した。

現在，分光素子としては，バンドパスフィルター，プリズム，グレーティングなど様々なものがある。しかし，

(a) 複数の蛍光波長帯を分光・検出する事が可能（分光精度）

(b) 分光イメージングが可能（空間分解能）

(c) 内視鏡に実装可能（小型化）

を満足し自由に分光できる素子を実現することは難しい。この仕様を実用的に満足する可能性がある分光手法として，当社では基本構成としてファブリーペロー型チューナブルフィルターを選択し限界まで小型化を実現した上で，内視鏡先端に配置する高感度固体撮像素子の前方への配置を試みた（図3）。

ファブリーペロー型チューナブルフィルターは，光の干渉を利用し，撮像素子に入射する光の透過波長を任意に設定することが可能である。これは，反射コートを施した2枚のフィルターを高精度に配置し，フィルター間の距離（光路差）を制御することで実現した。

上記の小型分光素子は外径φ7mm以下まで小型化を成功し（図4），先端部外径10mmのビデオ内視鏡に組み込む事を実現した（図5）。この分光内視鏡は通常観察（白色光観察）に加え，青色光を照射して生体に含まれるコラーゲンなどの蛍光物質からの自家蛍光を捉え，腫瘍性病変と正常粘膜を異なる色調で強調表示する自家蛍光観察機能を搭載している。さらに，腫瘍や癌に関連する分子を検出するために，600～800nmの波長帯域で10nm以下の高波長精度で透過波長を走査し検出する事が可能であり，これにより複数の蛍光波長の蛍光プローブを選択的に検出することが可能であり，また分光的に波長走査することが可能である。

5 機器開発側からみたプローブ改良点

ここまで述べてきたように，機器側の検出技術開発は，蛍光プローブの短所を克服し長所をさ

第20章　検出機器の開発現状と機器開発側からみたプローブ改良点

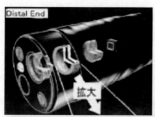
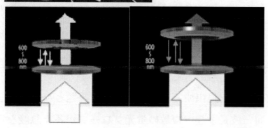

図3　超小型分光素子の原理

図4　小型分光素子

図5　分光内視鏡先端部

らに伸ばす取り組みである。また蛍光プローブには様々な種類，特性があるが，光を利用した分子イメージング技術が最近急激に発展してきた領域でもあり，機器側はなるべく多くの種類の蛍光プローブに対応させようと努力をしてきている。

　分子イメージングは蛍光プローブと機器のコンビネーションでその性能が発揮され，今後は適用する疾患やその目的に応じ，機器のコストも含めて最適化が図られていくものと考えられる。ただし，蛍光プローブの短所部分については，機器側の基本性能に直結するものが多く，商品の製造コストに直結する。そういう意味でも機器開発側から蛍光プローブの改良点を求めるとすればやはり現在の短所をいかになくしていくか，その上で長所を伸ばすことを蛍光プローブに求めていきたい。

　以下はあくまでも素人的な発想であり，かつ蛍光プローブを検出する機器側の都合で蛍光プ

ローブに対する改良点を挙げておく。一方的な希望で申し訳ないが，最終的には機器側の性能とのコンビネーションで最適化を図るものであり参考意見として聞いて頂きたい。

① 短所領域

生体は光を透過しにくい事から，深さ方向については限界がある。さらに生体は自家蛍光を持つ事から蛍光プローブから発する微弱蛍光との判別が必要であり，近赤外波長を利用するのが機器側にとっては一番都合が良い。一方，可視波長域で蛍光を発する蛍光プローブの場合では，その蛍光強度（生体での集積度含め）を生体自家蛍光の数倍以上明るくしていただく必要がある。

② 長所領域

蛍光波長を複数利用する事で，複数の分子を検出する場合に機器側で課題となるのは必要な励起光の波長数が多くなる事である。同一波長励起で複数の蛍光プローブが各々急峻な蛍光を発すれば機器側の負担は少ない。

また蛍光発光量∝検出したい分子数という関係を生体内でもより確実になる工夫も期待をしたい。

6 おわりに

現在の，医療・ライフサイエンス関連分野のキーワードの一つが「分子イメージング」である。この言葉は日本でも欧米でも盛んに使われている。

光を利用する特徴の一つには高選択性・特異性がある。またその代表的な例として蛍光プローブを利用した分子イメージングの内視鏡応用の立場から技術を紹介し話を進めた。実用化までには臨床機器としての完成度を高める長い道のりが待っている。しかし，これまで基礎研究用途中心であったものが，確実に臨床用途に応用され最適化されていくものと考えられる。

当社もこの分野での強みをさらに強化し，この領域での技術／製品開発を通じて社会貢献を果たしたい。

文　献

1) http://tsugino-hikari.com/opto03/04.html
2) 長野哲雄，"生体可視化プローブの理論的開発と生体への応用研究"，平成15年度上原賞受賞者講演録，26-50（2004）
3) Weissleder R., Scaling down imaging: molecular mapping of cancer in mice, *Nat. Rev. Cancer.*, **2**(1), 11-8 (2002)

第 20 章　検出機器の開発現状と機器開発側からみたプローブ改良点

4）　US6,293,911
5）　特許昭 62-247232
6）　WO2010/110138

第 21 章 *in vivo* 蛍光イメージングにおける機器開発状況とプローブへの期待
─基礎研究から臨床応用に向けて─

樋爪健太郎[*]

1 はじめに

　近年，マウスやラットなどの小動物を対象とし，同一個体の生体内情報を生きたまま（*in vivo*）リアルタイムに取得する方法として，分子イメージングと呼ばれる技術が発展してきており，病気の診断や治療，またはそれに直結する基礎研究分野へ貢献することが期待されている。分子イメージングには，Positron Emission Tomography（PET）・Magnetic Resonance Imaging（MRI）・光・超音波など様々な手法が用いられているが，それらの中でも，光イメージングは，大型施設が不要，簡便性や高スループットであることから，イメージング装置，プローブともに盛んに開発が行われてきている。

　本稿では，光イメージング，特に蛍光プローブを利用したイメージングの特徴について述べた上で，より高感度に生体深部からの蛍光を検出するために不可欠な近赤外蛍光プローブの特徴と，そして，臨床への応用を目指した場合に，蛍光プローブに期待することについて述べる。

2 *in vivo* 蛍光イメージングの特徴

　光イメージングは，大きくは発光イメージングと蛍光イメージングに分けられる。発光イメージングは，主にルシフェラーゼなどの酵素遺伝子をあらかじめ細胞に導入し，発光基質ルシフェリンを外部投与することで発する光を検出し，画像化する[1]。発光イメージングの場合，生体由来のバックグラウンドが極めて低いため，高コントラストな検出が可能である。一方，発光輝度が非常に低いため，高い遮光性，明るい光学系を有する検出機器であることや分オーダの測定時間が必要となる。また，あらかじめ細胞への遺伝子導入が必要であるため，臨床への応用は難しい。

　これに対して，蛍光イメージングは，特定の波長域の光を受けた蛍光分子が励起状態となり，その後吸収したエネルギの一部を励起光より長波長の蛍光として放出された光を画像として検出する。蛍光イメージングに利用される蛍光分子としては，蛍光タンパク，蛍光低分子化合物，蛍光ナノ粒子がある。ノーベル賞を受賞された下村先生により発見された，Green fluorescent

---

[*] Kentaro Hizume　㈱島津製作所　基盤技術研究所　副主任

第21章 in vivo 蛍光イメージングにおける機器開発状況とプローブへの期待

protein（GFP）に代表される蛍光タンパクは，発光と同様に遺伝子操作により細胞に発現させることができる[2]。生体内での細胞の増殖や挙動を観察すること，様々なプロモータのもとに発現させて種々の環境における活性を観察すること，さらに，Fluorescence Resonance Energy Transfer（FRET）の原理によりタンパク質とタンパク質との相互作用を検出することなど，その用途は多岐にわたっている。発光と比較して，基質投与の必要がなく，また輝度が非常に高いため，顕微鏡下では盛んに用いられている。

一方，蛍光低分子化合物や蛍光ナノ粒子などは，外部投与型の蛍光プローブとして利用される。ターゲットに対して集積性を持つ分子に標識し投与，あるいは，プローブ自身にターゲット集積性を有する場合は単独で投与することで，目的とする部位へ集積させて観察するだけでなく，プローブ自体の体内動態を経時的に追跡観察することも可能であり，蛍光タンパクとは異なるアプリケーションへの応用が可能である。また，発光・蛍光タンパクのように細胞への遺伝子導入といった手技が不要であるため，生体機能を変えることなく観察でき，臨床への応用が比較的容易であるといったメリットがある。

蛍光イメージングは，画像の取得や処理に分オーダの時間のかかる Radioisotope（RI）を用いたイメージングに対し，ほぼリアルタイムに画像追跡が可能なことや，異なる波長の蛍光分子を用いることにより，複数の蛍光物質の分布を同時に検出できるといった利点が挙げられる。しかし，生体利用に関しては，励起光照射により発生する生体由来の自家蛍光や，特に外部投与型のプローブの場合には血中滞留によるプローブ自身の蛍光が高いバックグラウンドとして検出されること，また可視光の生体透過性が低いことが課題である。

3 小動物用 in vivo 蛍光イメージング装置の開発状況

小動物用 in vivo 蛍光イメージング装置は，主に外光を遮断するための暗箱，励起光源，蛍光分子から発する蛍光のみを透過させるためのフィルタ，結像用のレンズ，画像化するためのCCDカメラで構成される。現在国内で普及している蛍光イメージング装置を表1に示す。

生体の蛍光イメージングにおいてバックグラウンドとなる自家蛍光に対しては，蛍光プローブの波長に合わせて取得した画像から励起波長または蛍光波長を変えて画像取得し，減算により自家蛍光成分を除去する方式や，蛍光画像取得時にスペクトル分離し，自家蛍光成分を除去する方式[3]といった分光学的な手法，また，自家蛍光と蛍光分子とが異なる蛍光寿命を有している点を利用して，時間的なゲートをかけて検出することにより分離するといった時間分解を用いた手法[4]などが採用されている。

蛍光プローブの集積部位が不明であったり，肝臓や肺といった比較的大きい臓器の場合は，小動物の体勢を変えて数回測定する必要があるが，マウスの側面や下面にミラーを配置することで，一回の測定で同時に全身走査可能な装置も開発されている[5]。

蛍光イメージング／MRIプローブの開発

表1　国内にて販売されている主な小動物用蛍光イメージング装置

開発企業	機器名	特徴
Caliper Life Science	IVIS imaging system	発光・蛍光イメージングが可能 励起光源としてハロゲンランプを使用 蛍光トモグラフィ機能による3Dイメージングが可能
	Maestro	励起光源としてキセノンランプを使用 液晶フィルタによるスペクトル解析が可能
Perkin Elmer	FMT1500	励起光源として，Laser Diodeを使用 蛍光トモグラフィによる3Dイメージング
Berthold Technologies	NightOWL II LB983	励起光源としてハロゲンランプを使用 3面同時観察が可能
Carestream	FX Pro	励起光源としてハロゲンランプを使用 蛍光＋X線透過（2D）イメージングが可能
ART	OPTIX	励起光源として，LaserDiode（パルス光）を使用 蛍光寿命測定により，自家蛍光と蛍光プローブとの区別が可能
島津製作所	Clairvivo OPT	励起光源としてLaserDiode・LEDを使用 5面同時励起・観察が可能

4　より高感度検出に対する蛍光プローブへの期待

　生体内に存在する蛍光プローブに対する検出感度は，検出された蛍光シグナルと生体表面におけるバックグラウンドとの比として捉えることができる。つまり，生体内深部に存在する蛍光プローブからの蛍光をより高感度に検出するためには，より強く蛍光シグナルを得るだけでなく，バックグラウンドを低減させることが必要となる。

　生体において，ターゲットが深部であっても，より高い蛍光シグナルを得るためには，

① 生体においては，主に血中ヘモグロビンの吸収や水の吸収により光が減衰するが，その吸収が比較的低減される近赤外領域，特に「生体の窓」と呼ばれる約700～900 nmの光を用いる（図1参照）

② 発光収率（蛍光収率・モル吸光係数）が高い蛍光プローブである

ことが望ましい。

　また，生体におけるバックグラウンドとして，

(a) 生体由来の自家蛍光

(b) 蛍光プローブの血中滞留によるプローブ自身の蛍光

が存在する。

　前者の自家蛍光については第3章でその除去方法を述べたが，微弱光計測の観点からはできるだけ自家蛍光が低いことが望ましい。自家蛍光は，生体中に存在し紫外～可視光領域で励起され蛍光を発するコラーゲンなどの物質に起因するが，「生体の窓」領域の近赤外光を用いること，さらにその領域においてもより長波長であるほど，自家蛍光の影響が抑えられる[5]。図2は，ヌー

第21章　*in vivo* 蛍光イメージングにおける機器開発状況とプローブへの期待

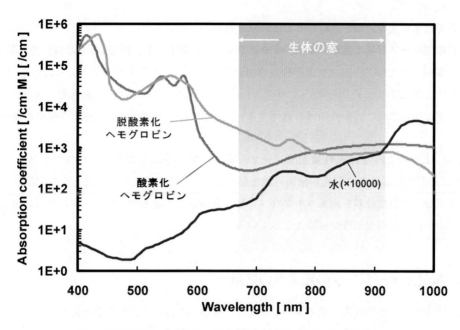

図1　波長に対する酸素化・脱酸素化ヘモグロビンと水の吸収係数

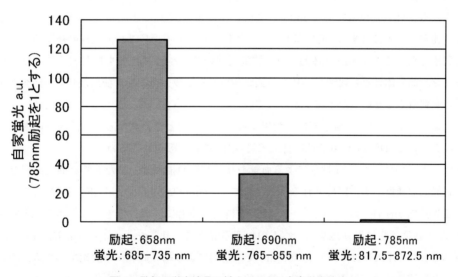

図2　励起・蛍光波長に対するマウス自家蛍光強度

ドマウスに対して，異なる波長の光をほぼ同一の強度で照射した際に得られた自家蛍光強度を示したものである。近赤外領域である励起波長785 nm・蛍光観察波長817.5〜872.5 nm の組み合わせで得られる自家蛍光は，赤色領域の励起波長658 nm・蛍光観察波長685〜735 nm のそれと比べると2桁以上低く，100 nm 長波長側で励起することで自家蛍光が大きく抑制されていることが分かる。また，励起波長よりも短波長側の光を発するアップコンバージョン蛍光体を利用す

ることで自家蛍光の影響を低減させるといった報告[6]もある。

　後者のプローブ自身の蛍光によるバックグラウンドに対しては，近年，はじめは蛍光を発せず，生体内環境の変化やターゲットとの相互作用を受けることで蛍光を発するといったON/OFF機能を有する蛍光プローブの開発が行われている。この場合，理想的には自家蛍光のみがバックグラウンドとなるため，近赤外領域の蛍光プローブを用いることで非常に高感度な検出が期待できる。

　近年，上述のような近赤外蛍光プローブも盛んに開発されており，マウスであればWhole-Bodyに対して深部からの蛍光が検出可能となってきている。それとともに，生体内深部に位置する蛍光分子の濃度分布を蛍光トモグラフィ技術を用いて3次元的に画像化する装置も開発されてきており，定量的な解析が可能となっている[7]。

5　蛍光イメージングの臨床への応用

　前述のように，小動物用蛍光イメージングは，機器やプローブの開発が進んでいるが，近年臨床における診断あるいは治療への応用も盛んになりつつあり，臨床用蛍光イメージング装置の開発も国内や海外で行われている。

　従来，近赤外蛍光色素であるIndo-Cyanine Green（ICG）は眼底検査に用いられているが，最近，乳がん患者に対するQOL向上を目的としたセンチネルリンパ節生検の補助的な役割としても利用されてきている。具体的には，腫瘍近傍のリンパ管にICGを投与することで，センチネルリンパ節を体外から判別し，リンパ節が存在する領域を切開し，摘出後リンパ節へのがん転移有無を判断するといった手法がとられている。

　このようなICG蛍光を術中支援に利用することを目的とした装置として，現在国内では浜松ホトニクス社のPDE-neo[8]や瑞穂医科工業製のHEMS[9]が販売されている。

　また，上記のようなICG投与による血管やリンパ管の描出といった非特異的な識別だけでなく，特異的な腫瘍描出が期待される手法として，5-aminolevulinic acid（5-ALA）を用いた術中腫瘍蛍光診断が注目されている[10]。5-ALAを術前に患者に経口投与すると，体内に吸収された5-ALAが腫瘍細胞に取り込まれ，ヘムの代謝系酵素により，protoporphyrin IX（PPIX）に変換される。このPPIXは，波長約400 nmでの励起により約630 nmの蛍光を発するため，蛍光フィルタを透過させて捉えることで，特異的に腫瘍部位を観察することが可能となる。

　しかし，5-ALAを用いた蛍光診断の問題として，描出されている領域と実際の腫瘍細胞の領域との整合性，つまり，腫瘍組織においても蛍光が検出されない部分が存在する場合があることや，励起波長が約400 nm付近ということもあり，その生体透過性から組織表面の情報しか得られないために腫瘍組織の見逃しの可能性があることが課題として挙げられている。それ故，今後，術中においても表面だけでなく，深部情報まで取得可能な近赤外領域の蛍光を発するプローブの開発が望まれるだろう。ただし，深部からの光は散乱により拡散するため，3次元的な領域を正

第 21 章 *in vivo* 蛍光イメージングにおける機器開発状況とプローブへの期待

確に把握することが困難といった課題はある。

また，術中診断や治療においては，高解像度のモニタリングが望まれるが，この場合，蛍光プローブの性能も同時に要求される。つまり正常部位とターゲット部位との境界をモニタ解像度に近い精度で描出される必要があると考えられる。臨床利用の場合，人体への安全性の点から，ターゲットへの集積後，すみやかに分解・排泄される必要があると思われるが，その排泄過程で，正常部位でも蛍光を発すると，誤認してしまう可能性がある。そのため，ターゲット部位で特異的に蛍光を発する機能を有することに加え，

- 一度ターゲット組織において蛍光 ON になった状態のプローブが，組織から排泄される際には，蛍光 OFF の状態であること
- さらには，ターゲット組織に蓄積後，少なくとも診断あるいは治療中はその部位に滞留していること

といった機能が必要になるであろう。最近の報告では，上述のような機能を有する蛍光プローブの開発[11,12]もなされており，臨床における術中診断支援用の蛍光プローブとして非常に魅力的である。

近年，手術精度向上を目的として，術前あるいは術中に MRI 画像を取得し，腫瘍位置を特定しながら施術する手法が実施されている。しかし，微小な腫瘍組織や，正常細胞との境界などは MRI で検出できないため，より治療精度を向上させるために，施術において蛍光イメージングを利用するといった試みもなされている[13]。上述のような蛍光プローブが応用されることで，PET や MRI などのモダリティとの相補的な蛍光イメージングの利用が，今後の臨床医学分野により貢献できると期待している。

文　献

1) C. H. Contag, S. D. Spilman, P. R. Contag, M. Oshiro, B. Eames, P. Dennery, D. K. Stevenson, D. A. Benaron, *Photochemistry and Photobiology*, **66** (4), 523-31 (1997)
2) Cubitt, A. B., Heim, R., Adams, S. R., Boyd, A. E., Gross, L. A., Tsien, R. Y., *Trends Biochem. Sci.*, **20**, 448-55 (1995)
3) James R. Mansfield, *Drug Discovery & Development magazine*, **13** (2), 19 (2010)
4) Walter J. Akers, Mikhail Y. Berezin, Hyeran Lee and Samuel Achilefu, *J. Biomed. Opt.*, **13**, 054042 (2008)
5) 矢嶋敦, 小動物用 *in vivo* 蛍光イメージング装置 Clairvivo OPT の開発, 島津評論, **66** (1・2), 21-28 (2009)
6) Scott A. Hilderbrand, Fangwei Shao, Christopher Salthouse, Umar Mahmood, and Ralph Weissleder, *Chem Commun* (*Camb*), **28**, 4188-4190 (2009)

7) Graves E., Ripoll J., Weissleder R., Ntziachristos V., *Med. Phys.*, **30** (5), 901-11 (2003)
8) Kitai T, Inomoto T, Miwa M, Shikayama T, *Breast Cancer*, **12** (3), 211-215 (2005)
9) Yamauchi K, Nagafuji H, Nakamura T, Sato T, Kohno N, *Annals of Surgical Oncology*, **18** (7), 2042-2047 (2011)
10) Mishima K, Tachikawa T, Adachi J, Ishihara S, Nishikawa R, Matsutani M, *Neurooncology*, **7**, 530 (2005)
11) 明珍琢也, 花岡健二郎, 長野哲雄, 新たな Matrix Metalloproteinase 活性検出蛍光プローブの開発とその応用, 第6回日本分子イメージング学会学術集会, P-074 (2011)
12) Urano Y, Asanuma D, Hama Y, Koyama Y, Barrett T, Kamiya M, Nagano T, Watanabe T, Hasegawa A, Choyke PL, Kobayashi H, *Nature Medicine*, **15**, 104-109 (2009)
13) 伊関洋, インテリジェントオペ室の現状と将来展望, *Medical Imaging Technology*, **22** (3), 115-119 (2004)

蛍光イメージング/MRIプローブの開発　《普及版》（B1232）

2011年 9 月30日　初　版　第 1 刷発行
2018年 2 月 8 日　普及版　第 1 刷発行

　　　監　修　　菊地和也　　　　　　　　Printed in Japan
　　　発行者　　辻　賢司
　　　発行所　　株式会社シーエムシー出版
　　　　　　　　東京都千代田区神田錦町 1-17-1
　　　　　　　　電話03 (3293) 7066
　　　　　　　　大阪市中央区内平野町 1-3-12
　　　　　　　　電話06 (4794) 8234
　　　　　　　　http://www.cmcbooks.co.jp/

　〔印刷　株式会社遊文舎〕　　　　　　　Ⓒ K. Kikuchi, 2018

　　落丁・乱丁本はお取替えいたします。

　　本書の内容の一部あるいは全部を無断で複写（コピー）することは，法律
　で認められた場合を除き，著作者および出版社の権利の侵害になります。

　　ISBN978-4-7813-1225-5　C3043　¥3900E